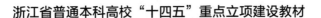
浙江省普通本科高校"十四五"重点立项建设教材

U0186974

控制与决策系统仿真

林峰 ◎著

机械工业出版社
CHINA MACHINE PRESS

本书以实现仿真系统功能、掌握原理方法为目标，在传统系统仿真课程内容的基础上，增加了目前科研及学习中常用的数据挖掘及深度学习等决策方法，以及视觉图像处理的相关内容。本书包括9章，内容涉及MATLAB基础、Simulink仿真、控制系统仿真、MATLAB文件和数据访问、智能算法、数据挖掘、图像处理、深度学习和界面设计及嵌入式仿真。本书内容和章节的设置基于当前控制系统与大数据决策方法融合日益广泛的现状与学习需求，强调理论与实践相结合，通过案例和习题等帮助读者理解并快速掌握控制理论、智能决策的基础方法、MATLAB/Simulink 及 Python等编程工具的使用，将人工智能等技术从抽象概念到编程实现展现在读者面前。

本书适合作为高校自动化、电子工程、计算机及相关专业的教材，也适合作为从事系统仿真工作的技术人员的参考书。

图书在版编目（CIP）数据

控制与决策系统仿真 / 林峰著 . —北京：机械工业出版社，2024.6
ISBN 978-7-111-75616-3

Ⅰ. ①控⋯ Ⅱ. ①林⋯ Ⅲ. ①自动控制系统 – 系统仿真 Ⅳ. ① TP273

中国国家版本馆 CIP 数据核字（2024）第 075779 号

机械工业出版社（北京市百万庄大街 22 号 邮政编码 100037）
策划编辑：朱 劼 责任编辑：朱 劼 陈佳媛
责任校对：韩佳欣 李 杉 责任印制：刘 媛
涿州市京南印刷厂印刷
2024 年 6 月第 1 版第 1 次印刷
185mm×260mm · 12.5 印张 · 284 千字
标准书号：ISBN 978-7-111-75616-3
定价：59.00 元

电话服务 网络服务
客服电话：010-88361066 机 工 官 网：www.cmpbook.com
010-88379833 机 工 官 博：weibo.com/cmp1952
010-68326294 金 书 网：www.golden-book.com
封底无防伪标均为盗版 机工教育服务网：www.cmpedu.com

前　　言

随着计算机仿真技术的发展，各学科领域的交叉融合不断深入，学生对系统仿真类课程的要求已经越来越不满足于"线性控制系统＋控制器设计"的模式，对非线性系统仿真、数据挖掘、深度神经网络等策略方法表现出越来越大的兴趣。本书的设计顺应这种学习需求，在兼顾原有控制方法的基础上，融入人工智能技术的仿真应用及深度神经网络的方法策略，通过对教材内容的调整，将使学生快速掌握控制理论、人工智能理论及应用，学习相关多源数据获取及决策方法，实现仿真编程等，加深对这些方法与技术的理解。

受益于多年教学科研的反馈，本书调整了相关内容，扩展了传统的自动化及控制类专业的系统仿真课程内容，缩减了与其他已有课程重叠的教学及实践内容，在精简原有控制及优化等内容的基础上，加入了人工智能仿真技术及深度神经网络等内容。本书的很多内容直接来源于近年的科研教学需求，案例的很多思想受益于学生的反馈。本书基于实际案例和建模实践的教学，能够使师生充分发挥互动性和创造性，理论联系实际，获得良好的教学效果。

计算机软硬件技术和网络技术的快速发展，使仿真技术成为对人类社会发展进步具有重要影响的一门综合性技术学科，仿真技术应用的领域也不再局限于某些尖端学科技术研究领域。仿真技术已成为一项被众多学科领域广泛采用的通用性技术。本书既介绍了人工智能等技术的抽象概念，又兼顾编程实现，选用的软件不局限于某一特定编程语言，在以MATLAB/Simulink 为主的基础上，同时兼用 Python 等人工智能领域广泛应用的语言。

本书分章节讲解编程基础，视觉图像等多源数据获取和处理，控制与决策系统仿真的基本思想、基本步骤及涉及的专用软件包和编程技巧等。本书共分为 9 章，是作者在总结多年教学科研 MATLAB/Simulink 及 Python 等软件、人工智能技术及应用及深度学习等方面的体会与经验的基础上编写而成的。编写过程中尽量以学习控制与人工智能相关理论、掌握编程技巧为目标，弱化对软件版本的依赖。具体内容如下。

第 1 章主要介绍 MATLAB 软件环境，MATLAB 工程计算的数据表示方法及常用运算，MATLAB 编程基础，MATLAB 数据可视化等内容。

第 2 章的主要内容包括 Simulink 仿真环境、Simulink 仿真模型的建立以及 S 函数的设计及应用。

第 3 章主要是与传统控制理论相对应的内容，包括线性控制系统模型、线性系统性能分析、非线性控制系统仿真等。

第 4 章主要介绍 MATLAB 文件和数据接口操作的技术和方法，具体包括 MATLAB 常用文件操作、MATLAB 与 Microsoft Office 的接口、访问数据库、图像视频数据处理、部分音频处理命令及 MATLAB 与 Python 混合编程等。

第 5 章重点讲述模糊逻辑及自然启发式算法（遗传算法、人工鱼群算法）等。

第 6 章介绍数据挖掘，主要讲述分类、聚类和关联等任务的一些操作。

第 7 章主要介绍图像处理的相关操作。MATLAB 对图像的处理功能主要集中在图像处理工具箱上，由一系列支持图像处理操作的函数组成，可以实现线性滤波和滤波器设计、图像变换、图像增强与图像分割等。

第 8 章重点介绍深度学习的起源、神经网络与深度学习、卷积神经网络及应用以及采用 Python 和 MATLAB 混合编程的实例。

第 9 章主要介绍 GUI 设计、App 设计及嵌入式仿真等。

本书在编写过程中参考了大量书籍及互联网上公开的文档、源代码等相关资源，非常感谢诸多学者有意无意间的帮助！同时感谢浙江大学各相关部门领导和同事为教材所提供的支持！感谢诸位研究生和本科生，包括王雨萌、余镇滔、侯添、鲁昱舟、甘力博、朱基诚、宋长浩、尹承熠、李灵烽等为教材的编写做出的贡献！感谢家人和孩子们的协助！尤其要感谢浙江省普通本科高校"十四五"首批新工科、新医科、新农科、新文科重点教材建设项目的立项！经过一年多的努力，本书终于编写完成！

由于作者水平和经验所限，书中疏漏和差错在所难免，诚心欢迎广大读者批评指正。

林　峰
2024 年 5 月

目　　录

第 1 章　MATLAB 基础

本章主要介绍 MATLAB 软件环境，MATLAB 工程计算的数据表示方法及常用运算，MATLAB 编程基础，MATLAB 数据可视化等内容。

1.1　MATLAB 软件环境

MATLAB 是一种用于工程计算的高性能语言，它集成了计算功能和数据的可视化。由于其编程代码很接近数学推导格式，所以编程极其方便。MATLAB 的典型应用包括以下几个方面：数学计算、算法开发、建模及仿真、数据分析及可视化、科学及工程绘图、应用开发（包括图形界面）。要进行 MATLAB 软件的各种操作，首先要准备 MATLAB 集成环境，包括系统的安装、启动及退出等。

1.1.1　MATLAB 软件的安装

MATLAB 软件安装包往往是 ISO 格式的镜像文件，安装前，先建立一个文件夹，再用解压软件将安装包解压到该文件夹。

安装时，双击安装文件 setup.exe，按弹出的窗口提示完成安装过程。例如，在"文件安装密钥"窗口选择第一个选项，要求输入文件安装密钥。打开 readme.txt 文件，再将文件安装密钥粘贴到"文件安装密钥"窗口的文本框中，然后单击"下一步"按钮。在"产品选择"窗口选择要安装的系统模块和工具箱，可根据自己的需要选择要安装的产品，选择之后单击"下一步"按钮。

进入系统文件安装界面，屏幕上有进度条显示安装进度，安装过程需要较长时间。安装完成之后，进入"产品配置说明"窗口，一般直接单击"下一步"按钮，完成系统安装。接下来需要激活 MATLAB，在操作界面依次选择"手动激活"选项和相应的许可证文件即可。

需要说明的是，MATLAB 软件包含两部分内容：基本部分和各种可选的工具箱。基本部分构成了 MATLAB 的核心内容，也是使用和构造工具箱的基础。MATLAB 工具箱分为两大类：功能性工具箱和学科性工具箱。功能性工具箱主要用来扩充其符号计算功能、可视化建模仿真功能以及文字处理与电子表格功能等，学科性工具箱专业性比较强，包括控制系统工具箱（control system toolbox）、模糊逻辑工具箱（fuzzy logic toolbox）、神经网络工具箱（neural network toolbox）、统计学工具箱（statistics toolbox）等，这些工具箱都是由该领域学术水平很高的专家编写的，用户可以直接利用这些工具箱进行相关领域的科学研究。

1.1.2 MATLAB 软件的启动与退出

1. MATLAB 软件的启动

与一般的 Windows 程序一样，启动 MATLAB 软件有以下 3 种常见方法：1）在 Windows 桌面单击任务栏上的"开始"按钮，选择"所有程序"→ MATLABR 2019a → MATLAB R2019a 命令；2）在 MATLAB 的安装路径中找到 MATLAB 系统启动程序 matlab.exe，然后运行它；3）将 MATLAB 系统启动程序以快捷方式的形式放在 Windows 桌面上，在桌面上双击该图标。

启动 MATLAB 后，将出现 MATLAB 主窗口，表示已进入 MATLAB 软件环境。

2. MATLAB 软件的退出

要退出 MATLAB 软件，有以下两种常见方法：1）在 MATLAB 命令行窗口中输入 Exit 或 Quit 命令；2）单击 MATLAB 主窗口的"关闭"按钮。

1.1.3 MATLAB 软件的操作界面

MATLAB 采用流行的图形用户操作界面，集命令的输入、执行、修改和调试于一体（称为集成开发环境），操作非常直观、方便。从 MATLAB R2012b 开始，MATLAB 用 Ribbon（通常翻译成"功能区"）界面取代了传统的菜单式界面，功能区由若干个选项卡构成，当单击某个选项卡时，并不会打开菜单，而是切换到相应的功能区面板。

MATLAB 操作界面由多个窗口组成，其中标题为 MATLAB R2017a 的窗口称为 MATLAB 主窗口。此外，还有命令行窗口、当前文件夹窗口、工作区窗口和命令历史记录窗口，它们可以内嵌在 MATLAB 主窗口中，也可以以独立窗口的形式浮动在 MATLAB 主窗口之上。单击窗口右上角的"显示操作"按钮，再从展开的菜单中选择"取消停靠"命令或按 <Ctrl+Shift+U> 组合键即可浮动窗口。如果希望重新将窗口嵌入 MATLAB 主窗口中，可以单击窗口右上角的"显示操作"按钮，再从展开的菜单中选择"停靠"命令或按 <Ctrl+Shift+D> 组合键。

1. MATLAB 主窗口

MATLAB 主窗口除了嵌入一些功能窗口外，还包括功能区、快速访问工具栏和当前文件夹工具栏。

MATLAB 功能区提供了 3 个选项卡，分别为"主页""绘图"和"应用程序"。不同的选项卡有对应的工具条，通常按功能将工具条分成若干命令组，各命令组包括一些命令按钮，通过命令按钮来实现相应的操作，"主页"选项卡包括"文件""变量""代码""Simulink""环境"和"资源"命令组，各命令组提供了相应的命令按钮；"绘图"选项卡提供了用于绘制图形的命令；"应用程序"选项卡提供了多种应用工具。

快速访问工具栏位于选项卡右侧，其中包含了一些常用的操作按钮。功能区下方是当前文件夹工具栏，通过该工具栏可以很方便地实现对文件夹的操作。

若要调整主窗口的布局，可以在"主页"选项卡的"环境"命令组中单击"布局"按钮，再从展开的菜单中选择有关布局方式命令。若要显示或隐藏主窗口中的其他窗口，可以从"布局"按钮所展开的菜单中选择有关命令。

2. 命令行窗口

命令行窗口用于输入命令并显示除图形以外的所有执行结果，它是 MATLAB 的主要交互窗口，用户的大部分操作都是在命令行窗口中完成的。

MATLAB 命令行窗口中的">>"为命令提示符，表示 MATLAB 处于准备状态。在命令提示符后输入命令并按下 <Enter> 键后，MATLAB 就会解释执行所输入的命令，并在命令后面显示执行结果。常用命令见表 1-1。

在命令提示符">>"的前面有一个"函数浏览"按钮，单击该按钮可以按类别快速查找 MATLAB 的函数。

表 1-1 常用命令

名称	说明
clear	清除当前工作空间中的全部变量
home	清除命令窗口中的所有内容并将鼠标移动到左上角
clc	清除命令窗口中所显示的所有内容
pack	整理内存碎片以扩大内存空间
dir	显示当前工作目录的文件和子目录清单
cd	显示或设置当前工作目录
type	显示指定 M 文件的内容
who 或 whos	显示 MATLAB 工作空间中的变量信息

3. 当前文件夹窗口

MATLAB 软件本身包含了数目繁多的文件，再加上用户自己创建的文件，更是数不胜数。如何管理和使用这些文件是十分重要的。为了对文件进行有效的组织和管理，MATLAB 有自己的文件夹结构，不同类型的文件放在不同的文件夹下，并通过路径来搜索文件。

当前文件夹是指 MATLAB 运行时的工作文件夹，只有在当前文件夹下或搜索路径下的文件、函数才可以运行或被调用。如果没有特殊指明，数据文件也将存放在当前文件夹下。为了便于管理文件和数据，用户可以将自己的工作文件夹设置成当前文件夹，从而使得用户的操作都在当前文件夹中进行。

当前文件夹窗口默认内嵌在 MATLAB 主窗口的左部。在当前文件夹窗口中可以显示或改变当前文件夹，还可以显示当前文件夹下的文件及相关信息。单击当前文件夹窗口中的"显示操作"按钮，或右击当前文件夹窗口，在弹出的快捷菜单中选择有关命令可实现相关操作。例如，在当前文件夹窗口的快捷菜单中选择"指示不在路径中的文件"命令，则子文件夹以及不在当前文件夹下的文件显示为灰色，而在当前文件夹下的文件显示为黑色。在当前文件夹窗口中通过 <Backspace> 键或快捷菜单中的"向上一级"命令可以返回上一级文件夹。

可以通过当前文件夹工具栏中的地址框设置某文件夹为当前文件夹，也可使用 cd 命令。例如，要将文件夹 e:\matlab\work 设置为当前文件夹，可在命令行窗口输入如下命令：

```
>>cd e:\matlab\work
```

4. 工作区窗口

工作区也称为工作空间，它是 MATLAB 用于存储各种变量和结果的内存空间。在工作区窗口中，可对变量进行观察、编辑、保存和删除。工作区窗口是 MATLAB 操作界面的重要组成部分。在该窗口中以表格形式显示工作区中所有变量的名称、取值，右击表格标题行，从弹出的快捷菜单中可选择增删显示变量的统计值，如最大值、最小值等。

5. 命令历史记录窗口

命令历史记录窗口中会自动保留自系统安装起所有用过的命令的历史记录，并且还标明了使用时间，从而方便用户查询，通过双击命令可进行历史命令的再次执行。如果要清除这些历史记录，可以在窗口快捷菜单中选择"清除命令历史记录"命令。

6. 搜索路径设置

当用户在命令行窗口输入一条命令后，MATLAB 将按照一定的顺序寻找相关的命令对象：1）检查该命令对象是否为一个变量；2）检查该命令对象是否为一个内部函数；3）检查该命令对象是否为当前文件夹下的程序文件（在 MATLAB 中称为 M 文件）；4）检查该命令对象是否为 MATLAB 搜索路径中其他文件夹下的 M 文件。

当 MATLAB 执行 M 文件时，都是在当前文件夹和设定好的搜索路径中搜索，如果 M 文件存放在其他位置，就需要将用户的工作文件夹加入 MATLAB 搜索路径，具体有以下两种方法。

- 用 path 命令设置搜索路径：使用 path 命令可以把用户文件夹临时纳入搜索路径。例如，将用户文件夹 e:\matlab\work 加入搜索路径，可在命令行窗口输入命令 >>path(path,'e:\matlab\work')。
- 用对话框设置搜索路径：在 MATLAB "主页"选项卡的"环境"命令组中单击"设置路径"命令按钮，或在命令行窗口执行 pathtool 命令，将出现"设置路径"对话框。通过"添加文件夹"或"添加并包含子文件夹"按钮将指定路径添加到搜索路径列表中。对于已经添加到搜索路径列表中的路径，可以通过"上移""下移"等按钮修改该路径在搜索路径中的顺序。对于那些不需要出现在搜索路径中的路径，可以通过"删除"按钮将其从搜索路径列表中删除。

1.1.4 MATLAB 软件的基本操作

MATLAB 软件的命令执行方式有两种：一种是行命令方式，也称为交互式的指令行操作方式；另一种是 M 文件编程工作方式，编辑 M 文件要使用文本编辑窗口。其中交互式指令行操作是在命令行窗口输入并执行的。

1. 以"%"开始的程序行

在本书中，许多 MATLAB 程序都附有注解和说明，这些注解和说明阐明了发生在程序中的具体进程。在 MATLAB 中，以"%"开始的程序行表示注解和说明。符号"%"类似于 BASIC 中的"REM"。以"%"开始的行用来存储程序的注解或说明，这些注解和说明是不执行的。这就是说，在 MATLAB 程序行中，出现在"%"以后的一切内容都是可以忽略的。如果注解或说明需要占用多行，则每一行均需以"%"为起始。

2. 分号操作符

分号用来取消打印。如果语句的最后一个符号是分号，则打印被取消，但是命令仍在执行，而结果不再显示。这是一个有益的特性，因为有时可能不需要打印中间结果。此外，在输入矩阵时，分号用来指示一行的结束。

3. 冒号操作符

冒号操作符在 MATLAB 中起着重要作用。该操作符用来建立向量、赋予矩阵下标和规定迭代。例如，j:k 表示 [j j+1…k]，A(:,j) 表示矩阵 A 的第 j 列，A(i,:) 表示矩阵 A 的第 i 行。

4. 输入超过一行的长语句

一个语句通常以回车键或输入键终结。如果输入的语句太长，超出了一行，则回车键后面应跟随由 3 个或 3 个以上圆点组成的省略号，以表明语句将延续到下一行。下面是一个例子：

```
x=1.234+2.345+3.456+4.567+5.678+6.789+…
   +7.890+8.901-9.012
```

符号"="""+"和"-"前后的空白间隔可以任选。这种间隔通常可以起到改善语句清晰度的效果。

5. 在一行内输入多个语句

如果在一行内可以把多个语句用逗号或分号隔开，则可以把这些语句放在一行内。例如，plot(x,y,'o'),text(1,20,'System 1'),text(1,15,'System 2') 和
plot(x,y,'o'); text(1,20,'System 1'); text(1,15,'System 2')。

6. MATLAB 语言帮助系统

为帮助读者更好地运用 MATLAB 软件，MATLAB 提供了完备的帮助文档系统，MATLAB 的帮助信息有两类，一类是纯文本帮助信息，另一类是窗口式综合帮助信息。

纯文本帮助信息包括 help 命令和 lookfor 命令。可由 MATLAB 图形界面下的 Help 菜单来查看 help 命令。lookfor 命令在 MATLAB 路径下查询有关的关键词，例如若想查询关键词 gaussmf，则可以由下面的命令完成：

```
>>lookfor gaussmf
gaussmf    -Gaussian curve membership function.
```

由这种方法得出的帮助信息包括该函数的解释、函数的调用格式和相关函数名等，进一步的帮助内容可以查阅 MATLAB 或相应工具箱手册。

窗口式综合帮助信息包括 doc 命令和 helpwin 命令，这两个命令以文字、公式和图形等综合信息的方式提供帮助。

1.2 MATLAB 工程计算

MATLAB 语言不仅提供了丰富的数据类型，如实数、复数、向量、矩阵、字符串、多维数组、结构体、类和对象等，而且提供了众多的内置功能函数。这些数据在计算机中都以常量和变量的形式出现。

1.2.1 常量

在程序运行过程中，其值不会改变的量叫常量，MATLAB 中的常量有两种：数值数据和字符串数据。其中数值数据又分为整型数据、浮点型数据和复数型数据。

1. 数值数据

（1）整型数据

整型数据是不带小数的数，有带符号整数和无符号整数之分。表 1-2 是 MATLAB 整型数据的类型、取值范围和对应的转换函数。

表 1-2 MATLAB 整型数据

类型	取值范围	转换函数	类型	取值范围	转换函数
无符号 8 位整型	$0\sim2^{8}-1$	uint8	带符号 8 位整型	$-2^{7}\sim2^{7}-1$	int8
无符号 32 位整型	$0\sim2^{32}-1$	uint32	带符号 32 位整型	$-2^{31}\sim2^{31}-1$	int32

（续）

类型	取值范围	转换函数	类型	取值范围	转换函数
无符号 16 位整型	$0\sim2^{16}-1$	uint16	带符号 16 位整型	$-2^{15}\sim2^{15}-1$	int16
无符号 64 位整型	$0\sim2^{64}-1$	uint64	带符号 64 位整型	$-2^{63}\sim2^{63}-1$	int64

【例 1-1】>> x=int8(327)，其结果如下：

```
>> x =int8
    127
```

带符号 8 位整型数据的最大值是 127，int8 函数转换时只输出最大值。

（2）浮点型数据

浮点型数据有单精度（single）和双精度（double）之分，单精度型数据在内存中占 4 字节，双精度型实数在内存中占 8 字节，双精度型的数据精度更高。在 MATLAB 中，数据默认为双精度型。single 函数可以将其他类型的数据转换为单精度型，double 函数可以将其他类型的数据转换为双精度型。

（3）复数型数据

复数型数据包括实部和虚部两个部分，实部和虚部默认为双精度型。在 MATLAB 中，虚数单位用 i 或 j 表示、例如，1+2i 与 1+2j 表示的是同一个复数，也可以写成 1+2*i 或 1+2*j，这里将 i 或 j 看作运算量参与表达式的运算。

如果构成一个复数的实部或虚部不是常量，则使用 complex 函数生成复数。例如，complex(1,a) 生成一个复数，其实部为 1，虚部为 a。可以使用 real 函数求复数的实部，imag 函数求复数的虚部，abs 函数求复数的模，angl 函数求复数的幅角，conj 函数求复数的共轭复数。

【例 1-2】复数 z1=3+4i、z2=1+2i、z3=$2e^{\frac{\pi}{6}i}$，计算 z=$\dfrac{z_1z_2}{z_3}$

```
>>z1=3+4*i,z2=1+2*i,z3=2*exp(i*pi/6),z=z1*z2/z3
```

（4）数值的输出格式

MATLAB 数值通常以不带小数的整数格式或带 4 位小数的浮点格式输出。如果输出结果中所有数值都是整数，则以整数格式输出；如果输出结果中有一个或多个元素是非整数，则以浮点数格式输出。MATLAB 的运算总是以所能达到的最高精度计算，输出格式不会影响计算的精度，现在的计算机精度一般为 32 位小数。使用 format 命令可以改变屏幕输出的格式，也可以通过命令窗口的下拉菜单来改变屏幕输出的格式。format 命令及其屏幕输出格式见表 1-3。

表 1-3   format 命令及其屏幕输出格式

format 命令	屏幕输出格式说明
format short	输出小数点后 4 位，最多不超过 7 位有效数字。对于大于 1000 的实数，以 5 位有效数字的科学记数形式输出

（续）

format 命令	屏幕输出格式说明
format long	以 15 位有效数字形式输出
format short e	以 5 位有效数字的科学记数形式输出
format long e	以 15 位有效数字的科学记数形式输出
format rat	以近似有理数格式输出
format hex	以十六进制格式输出
format +	提取数值的符号
format bank	银行格式，用元、角、分表示
more on/off	屏幕显示控制。more on 表示满屏停，等待键盘输入；more off 表示一次性输出

2. 字符串数据

字符串也是常量的一种，是由若干个计算机系统中采用的字符组成的，由于字符串的特殊性，需要进行一些说明。

（1）字符串表示

在 MATLAB 中字符串是用单引号括起来的字符序列来表示的。字符串中的每个字符（包括空格）都是字符串变量（矩阵或向量）中的一个元素，字符串中的字符以 ASCII 码形式存储并区分大小，用函数 abs 可以看到字符的 ASCII 码。在 MATLAB 中，字符串和字符矩阵基本上是等价的，例如：>> s=['HAPPY'] 等价于 >> s='HAPPY'。

（2）常用字符串函数

MATLAB 常用字符串函数如表 1-4 所示。

表 1-4　MATLAB 常用字符串函数

名称	说明
eval	运行字符串表示的表达式
char	将数组变成字符串
double	将数字字符串变成数字
deblank	去掉字符串末尾的空格
findstr	查找字符串
lower	转换为小写
upper	转换为大写
strcat	字符串连接组合
strcmp	字符串比较
strcmpi	字符串比较（忽略大小写）
strjust	调整字符串排列位置
strmatch	寻找符合条件的行
strncmp	比较字符串的前 n 个字符
strrep	寻找和替代
strtok	寻找字符串中第一个空字符前面的字符串
strvcat	字符串竖向连接（组合）
texlabel	将字符串转换为 Tex 格式

（续）

名称	说明
char	生成字符串数组
int2str	整数转换为字符串
num2str	数值转换为字符串
sprintf	格式输出字符串
sscanf	格式读入字符串
str2num	字符串转换为数值

【例 1-3】字符串举例。

```
>> A='China'' 中国 ';                          % 输出带引号的汉字
>> B=' 我是大学生 '
>> c='I am fine.'
>> s1=char('s','y','m','b','o','l','i','c');    % 用函数 char 生成字符串
>> double(s1);                                  % 字符串转换为数值代码
>> abs(s1')
>> cellstr(s1);                                 字符矩阵转换为字符串
>> b=num2str(a);                                数字转换为字符串
```

比较 b*2 和 str2num(b)*2。

```
>> ab=[A,' ',B,'.']
>> AB=[' 中国 '; ' 亚运 ']
```

1.2.2　变量

变量是保存数据信息的一种最基本的数据类型。变量的命名应遵循如下规则：变量名必须以字母开头，变量名可以由字母、数字和下划线混合组成，变量名区分字母大小写。MATLAB 保留了一些具有特定意义的永久变量，读者编程时可以直接使用，并尽量避免另外自定义，表 1-5 为 MATLAB 软件永久变量表。

表 1-5　MATLAB 软件永久变量表

名称	说明
ans	清除当前工作空间中的全部变量
eps	返回机器精度，表示 1 与最接近可代表的浮点数之间的差
i/j	虚数单位 $\sqrt{-1}$
Inf/inf	无穷大
NaN/nan	不是数，如 0/0 或 ∞/∞
pi	π 的近似值
nargin	函数输入参数数目
nargout	函数输出参数数目
realmax	最大正实数
realmin	最小正实数
computer	本计算机的基本信息
version	MATLAB 的版本信息

1.2.3　常用运算和基本函数

根据运算性质不同，变量之间的运算可分为算术运算、关系运算和逻辑运算等，MATLAB 运算以一定的规则进行，有些根据运算符来进行，有些则根据 MATLAB 命令函数来进行。

1. 运算符

运算符有三类，分别是算术运算符、关系运算符和逻辑运算符。

（1）算术运算符

算术运算的表达式由字母或数字用运算符连接而成。MATLAB 常用的算术运算符如表 1-6 所示。

表 1-6　MATLAB 常用的算术运算符

运算符	名称	说明
+	加	两个数相加或两个同阶矩阵相加。如果是一个矩阵和一个数字相加，则这个数字自动扩展为与矩阵同维的一个矩阵
−	减	两个数相减或两个同阶矩阵相减
*	乘	两个数相乘或两个可乘矩阵相乘
/	除	两个数或两个可除矩阵相除（A/B 表示 A 乘以 B 的逆）
^	乘方	数的乘方或一个方阵的多少次方
\	左除	两个数 a\b 表示 b÷a，两个可除矩阵相除（A\B 表示 B 乘以 A 的逆）
.*	点乘	两个同阶矩阵对应元素相乘
./	点除	两个同阶矩阵对应元素相除
.^	点乘方	一个矩阵中各个元素的多少乘方
.\	点左除	两个同阶矩阵对应元素左除

（2）关系运算符

关系运算主要用于比较数、字符串和矩阵之间的大小或不等关系，其结果只能为 0（代表 "假"，表示该关系不成立）或 1（代表 "真"，表示该关系成立）。MATLAB 常用的关系运算符如表 1-7 所示。

表 1-7　MATLAB 常用的关系运算符

运算符	名称	说明
>	大于	判断大于关系
<	小于	判断小于关系
==	等于	判断等于关系
>=	大于等于	判断大于等于关系
<=	小于等于	判断小于等于关系
~=	不等于	判断不等于关系

（3）逻辑运算符

逻辑运算的逻辑量只有 0（假）和 1（真）两个值，逻辑运算符如表 1-8 所示。

（4）各种运算符的优先级

在三种运算符中，算术运算符的优先级最高，其次是关系运算符，优先级最低的是逻辑运算符，但逻辑非的优先级别最高。

2. 基本函数

MATLAB 提供了丰富的数学函数，如三角函数、对数函数、指数函数和复数函数等。表 1-9 列出了部分常用的数学函数。

表 1-8　逻辑运算符

运算符	名称	说明
&	与	进行与运算
|	或	进行或运算
~	非	进行非运算

表 1-9　部分常用的数学函数

名称	说明	名称	说明
abs	绝对值和复数模长	median	中值
acos	反余弦	min	最小值
angle	相角	mod	有符号的求余
asin	反正弦	rand	均匀分布随机数和数组
ceil	向着无穷大舍入	randn	正态分布随机数和数组
conj	复数配对	real	复数的实部
cos	余弦	roots	多项式的根
exp	指数	round	取整为最近的整数
fix	朝 0 方向取整	sign	符号数
imag	复数值的虚部	sin	正弦
log	自然对数	sort	按升序排列矩阵元素
log10	常用对数	sqrt	平方根
max	最大值	std	标准偏差
mean	数组的均值	sum	求和

MATLAB 还提供了一些关系运算函数，如表 1-10 所示。

表 1-10　部分关系运算函数

名称	说明
all	是否所有的数组元素为非 0，如果是则为 1，否则为 0
any	是否任何数组元素为非 0
exist	检查变量、脚本、函数、文件夹或类的存在情况
find	返回一个包含数组 X 中每个非 0 元素的线性索引的位置
ischar	是否为字符
isnumeric	是否为数字
isempty	是否为空矩阵或空字符
isinf	是否为无穷大
ismember	判断数组元素是否为数组成员

1.2.4 矩阵和运算

矩阵是 MATLAB 数据处理的基本单元，MATLAB 中的运算都是基于矩阵进行操作的。

1. 矩阵赋值

MATLAB 中的矩阵元素的行号和列号称为该元素的下标，是通过"( )"中的数字（行、列的标号）来标识的。矩阵元素可以通过其下标来引用，如 $X(i,j)$ 表示 X 第 i 行第 j 列的元素。矩阵的赋值必须使用方括号"[ ]"包括矩阵的所有元素，同一行的元素之间必须用空格或逗号分隔，不同行之间必须用分号或回车符分隔，如：

```
>> A=[1 2 3; 4 5 6]
```

MATLAB 中矩阵元素除了从键盘直接输入外，也可以从文件或数据库中读取，详细内容可以参见第 4 章的相关内容。

为编程方便，MATLAB 还提供了部分特殊的矩阵函数，如表 1-11 所示。

表 1-11　部分特殊矩阵函数

名称	说明
ones(m,n)	生成全部为 1 的矩阵
eye(m,n)	生成单位矩阵
rand(m,n)	生成均匀分布的随机矩阵
randn(m,n)	生成正态分布的随机矩阵
zeros(m,n)	生成全零矩阵
magic(m)	生成 n 阶魔方矩阵（每行、每列及两条对角线上的元素之和相等）
vander(m)	生成范德蒙矩阵，最后一列为 1，倒数第二列为一个指定向量，其他各列是其后一列与倒数第二列对应元素的乘积

MATLAB 还有一种符号矩阵，可用于行列式公式推导，例如：

```
syms a                    % 定义符号变量
f(a)=[a a*a; 3*a 4*a^3]    % 定义符号矩阵
x=f(2)                    % 将 a 用 2 代替得到矩阵 x
```

2. 矩阵运算

MATLAB 矩阵的运算有矩阵的算术运算、矩阵的关系运算和矩阵的逻辑运算，其中矩阵的关系运算和矩阵的逻辑运算主要是针对两个矩阵对应元素进行的，这里重点介绍矩阵的算术运算。表 1-12 是矩阵算术运算符及其说明。

表 1-12　矩阵算术运算符及其说明

运算符（算例）	名称	说明
+(A+B)	加	两个同维矩阵对应元素相加
−(A−B)	减	两个同维矩阵对应元素相减

（续）

运算符（算例）	名称	说明
*(A*B)	乘	两个可乘矩阵相乘
/(A/B)	右除	两个可除矩阵相右除（A/B 表示 A 乘以 B 的逆）
\(A\B)	左除	两个可除矩阵相左除（$A\backslash B$ 表示 B 乘以 A 的逆）
.*(A.*B)	点乘	两个同阶矩阵对应元素相乘
./(A./B)	点右除	两个同阶矩阵对应元素相右除
.\(A.\B)	点左除	两个同阶矩阵对应元素相左除
.^(A.^B)	点乘方	两个同维矩阵中矩阵 A 各元素与对应矩阵 B 中各元素进行乘方

矩阵的函数运算是矩阵运算最实用的部分，MATLAB 函数库提供了一些常用的矩阵运算函数，如表 1-13 所示。

表 1-13　常用的矩阵运算函数

名称	说明
det(A)	方阵 A 的行列式
inv(A)	矩阵求逆
size(A)	给出矩阵 A 的行、列数
eig(A)	给出特征值和特征向量
length(A)	给出矩阵的长度（列数）
rank(A)	矩阵的秩
trace(A)	矩阵的迹，矩阵对角线元素之和

1.3　MATLAB 编程基础

MATLAB 是一种解释性程序设计语言，对程序边解释边执行，其命令有两种执行方式：一种是交互式的命令执行方式，另一种是程序执行方式。程序执行方式是将有关命令编成程序存储在一个文件中，当运行该程序后，MATLAB 会自动依次执行该文件中的命令，直至全部命令执行完毕。MATLAB 编程主要采用程序执行方式。

1.3.1　M 文件

M 文件是一个脚本文件，文件名必须以 ".m" 为扩展名，文件名不能为汉字或数字开头。M 文件可以由任意的文本编辑软件来编辑。M 文件根据调用方式的不同分为两种类型：脚本（script）文件和函数（function）文件。脚本文件是 MATLAB 命令或函数的组合，没有输入 / 输出参数，脚本文件可以访问 MATLAB 工作空间中的所有数据，在运行过程中产生的变量均是全局变量，这些变量一旦生成就一直保存在内存空间中，另外，脚本文件可以直接运行，在 MATLAB 命令行窗口输入脚本文件的名字，就会顺序执行脚本文件中的命令，如例 1-4 所示。

【例 1-4】执行脚本文件 myvoice.m 中的命令。

```
fs=8000;t=(0:1/fs:0.2);          % 产生一个双音频
F1=597;F2=1309;                  % 对应的两个频率
y=sin(2*pi*F1*t)+sin(2*pi*F2*t);
plot(t,y);audioplayer(y,fs);
```

函数文件不能直接运行，需要以函数调用的形式来调用它，函数文件可以有输入参数，也可以返回输出参数，它的第一条可执行语句是以 function 引导的定义语句。在函数文件中的变量都是局部变量，函数文件一旦执行完毕，这些变量就自动消失。

函数文件第一行是函数定义行，其格式为：

```
function[ 返回参数 1, 参数 2,…]= 函数名 ( 输入参数 1, 参数 2,…)
       函数体
end
```

需要注意的是，有无函数定义行是区分命令文件与函数文件的重要标志，函数体包含所有函数程序代码，是函数的主体部分，函数文件保存的文件名应与用户定义的函数名一致，在命令行窗口中以固定格式调用函数。

例如：函数 $f(x,y,z)=X^2y+xZ^2-2yz$，请计算 $f(1,2,3)$。在编辑器中编辑程序：

```
function f=test(x,y,z)           % 函数名为 test，返回值为 f
f=x.^2.*y+x.*z^2-2*y.*z          % 函数体
end
```

保存为 test（文件名必须与函数名一致），然后在命令窗口中输入：

```
>>test(1,2,3)
ans=-1                           % 运行结果
```

MATLAB 允许在函数调用时同时返回多个变量。而一个函数又可以由多种格式进行调用，例如 bode() 函数可以由下面的格式调用。

```
[mag,phase]=bode(num,den,w)
```

其中 bode() 函数用来求取或绘制系统的 Bode 图，而系统在这里由传递函数分子 num 和分母 den 表示，还可以用下面的格式调用此函数。

```
[mag,phase]=bode(A,B,C,D,w)
```

其中（A，B，C，D）为系统的状态方程模型。尽管两种调用格式是完全不同的，MATLAB 函数还是会自动识别到底是采用哪种格式调用该函数，从而得出正确的结论。

另外，MATLAB 2016a 以后的版本提供了实时脚本（live script）功能，其实时编辑器提供一种新的方式来创建、编辑和运行 MATLAB 程序，实时脚本文件的扩展名为".mlx"，除了基本的程序代码，还可以包含格式化文本、方程式、超链接和图像等，而且运行时能实时显示输出结果，增强了程序的描述效果。

1.3.2　程序设计

与其他高级语言一样，MATLAB 由顺序、条件和循环这三种基本控制结构组成，任何复杂的程序都可以由这三种基本结构构成。

1. 顺序结构

顺序结构是指程序按照顺序依次执行各条指令，直到程序的最后一条语句为止，不需要任何特殊的流程控制。程序一般包括数据输入、数据处理和数据输出三个步骤。例如：

```
t=1:0.1:4*pi+1;              % 变量 t 赋值
x=cos(t);                    % 变量 x 赋值
plot(t,x)                    % 以 t 为横轴、x 为纵轴输出结果
```

2. 条件结构

条件结构又称为选择结构或分支结构，程序根据给定的条件是否成立来执行不同的操作。MATLAB 中有 if-else-end、switch-case-otherwise 和 try-catch-end 三种条件结构程序语句。

（1）if-else-end 语句

当有真和假两种条件时，if-else-end 语句的结构为：

```
if 表达式，语句 1，else 语句 2，end
```

当需要多种条件执行不同的操作时，if-else-end 语句的结构为：

```
if 表达式 1，语句 1，else if 表达式 2，语句 2，…，else 语句 n,end
```

【例 1-5】判断输入数是否为正。

```
n=input('n=');
if n>0,
  fprintf(' 这是一个正数 '),
else if n<0,
    fprintf(' 这是一个负数 '),
else fprintf(' 这是零 '),
    end
end
```

（2）switch-case-otherwise 语句

switch-case-otherwise 语句的格式为：

```
switch    表达式（标量或表达式）
    case    判断式 1
            语句 1
    case    判断式 2
            语句 2
    …
    otherwise
            语句 n
end
```

switch 语句和 if 语句类似。switch 语句根据变量或表达式的取值不同分别执行不同的命令。

【例 1-6】根据菜单选择显示不同的函数。

```
x=menu('波形','余弦','正弦','余切','正切');
switch x
case 1
    ezplot('cos',[0,2*pi])
case 2
    ezplot('sin',[0,2*pi])
case 3
    ezplot('cot',[0,2*pi])
case 4
    ezplot('tan',[0,2*pi])
end
```

（3）try-catch-end 语句

MATLAB 还提供了一种试探性执行语句 try-catch-end，其格式为：

```
try
    语句 1
catch
    语句 2
end
```

try-catch-end 语句结构首先试探性地执行语句 1，如果在此语句执行过程中出现错误，则将错误信息赋给保留的 lasterr 变量，并终止这段语句的执行，转而执行语句段 2 中的语句。如果不出错，则转去执行 end 后面的语句。

3. 循环结构

循环执行是计算机运行的重要特点，MATLAB 提供了两种实现循环结构的语句：for 循环语句和 while 循环语句。

（1）for 循环语句

for 循环语句调用格式为：

```
for 循环变量=初始值:步长:终止值
    循环体语句
end
```

执行时，先将初始值赋值给循环变量，执行循环体语句，执行完一次循环后，循环变量增加一个步长的值，然后判断循环变量的值是否处于初始值和终止值之间，如果满足条件则继续执行循环体语句，如果不满足条件则跳出循环。

【例 1-7】已知 $x=1+\dfrac{1}{2}+\dfrac{1}{3}+...+\dfrac{1}{n}$，当 $n=100$ 时，求 x 的值。程序如下：

```
x=0;n=100;
for i=1:n
```

```
    x=x+1/(i);
end
disp(x)
```

程序运行结果如下：

```
5.1874
```

（2）while 循环语句

while 循环语句调用格式为：

```
while 条件语句
    循环体语句
end
```

while 循环语句是通过判断循环条件是否满足来决定是否继续循环的一种循环控制语句，也称为条件循环语句。它的特点是先判断循环条件，条件满足时执行循环。其执行过程为，如果条件成立，则执行循环体语句，执行后再判断条件是否成立，如果不成立则跳出循环。

【例 1-8】利用 while 循环语句实现对 $\sum_{i=1}^{100} i$ 的求解。

```
sum=0
i=1
 while i<=100
     sum=sum+i
     i=i+1
 end
```

disp(sum) 运行结果如下：

```
sum=5050
```

1.4 MATLAB 数据可视化

MATLAB 具有丰富的获取图形输出的程序集。命令 plot 可以产生线性 x-y 图（用命令 loglog、semilogx、semilogy 或 polar 取代 plot，可以产生对数坐标图和极坐标图）。所有这些命令的应用方式都是相同的，它们只对如何对坐标轴进行分度和如何显示数据产生影响。

1. x-y 图

如果 x 和 y 是同一长度的向量，则命令 plot(x,y) 将画出 y 值对于 x 值的关系图。

2. 画多条曲线

为了在一幅图上画出多条曲线，采用具有多个自变量的 plot 命令：

```
plot(X1,Y1,X2,Y2,…,Xn,Yn)
```

变量 $X1$、$Y1$、$X2$、$Y2$ 等是一些向量对。每一个 x-y 对都可以图解表示出来，因而在一幅图上形成多条曲线。多重变量的优点是它允许不同长度的向量在同一幅图上显示出来。每一对向量采用不同的线型。

在一幅图上画一条以上的曲线时，也可以利用命令 hold。hold 命令可以保持当前的图形，并且防止删除和修改比例尺。因此，随后绘制的一条曲线将会重叠地画在原曲线图上。再次输入命令 hold，会使当前的图形复原。

3. 画出网格线，定出图形标题，标定 x 轴标记和 y 轴标记

一旦在屏幕上显示出图形，就可以画出网格线，定出图形标题，并且标定 x 轴标记和 y 轴标记。MATLAB 中关于网格线、图形标题、x 轴标记和 y 轴标记的命令如下：

```
grid( 网格线 )
title( 图形标题 )
xlabel(x 轴标记 )
ylabel(y 轴标记 )
```

应当指出，一旦恢复命令 display，通过依次输入相应的命令，就可以将网格线、图形标题、x 轴标记和 y 轴标记叠加在图形上。

4. 在图形屏幕上书写文本

为了在图形屏幕的点 (x, y) 上书写文本，采用命令：

```
text(X,Y,'text')
```

例如，利用语句

```
text(3,0.45,'sin t')
```

将从点（3,0.45）开始，水平地写出 sin t。另外，下列语句：

```
plot(x1,y1,x2,y2),text(x1,y1,'1'),text(x2,y2,'2')
```

标记出两条曲线，使它们很容易地区分开来。

5. 图形类型

下列语句：

```
plot(X,Y,'x')
```

将利用标记符号 x 画出一个点状图，而语句：

```
plot(X1,Y1,': ',X2,Y2,'+')
```

将用虚线画出第一曲线，用加法符号"+"画出第二条曲线。MATLAB 能提供的线和点的类型如表 1-14 所示。

表 1-14 MATLAB 能提供的线和点的类型

表 1-14 MATLAB 能提供的线和点的类型

线的类型		点的类型		线的类型		点的类型	
实线	-	圆点	.	点划线	-.	圆圈	o
短划线	--	加号	+			× 号	×
虚线	:	星号	*				

6. 颜色

下列语句

```
plot(X,Y,'r')
plot(X,Y,'+g')
```

表明，第一幅图采用红线，第二幅图采用绿色"+"号
标记。MATLAB 提供的颜色如表 1-15 所示。

表 1-15 MATLAB 提供的颜色

红色	r
绿色	g
蓝色	b
白色	w
无色	I

7. 自动绘图算法

在 MATLAB 中，图形是自动定标的。在画出另一幅图形之前，这幅图形作为现行图
将保持不变，但是在画出另一幅图形后，原图形将被删除，坐标轴自动重新定标。关于暂
态响应曲线、根轨迹、伯德图、奈奎斯特图等的自动绘图算法已经设计出来，它们对于各
类系统具有广泛的适用性，但是并不总是理想的。因此，在某些情况下，可能需要放弃绘
图命令中的自动坐标轴定标特性，改用手工选择绘图范围。

8. 手工坐标轴定标

如果需要在下列语句指定的范围内绘制曲线：

```
v=[x-min x-max y-min y-max]
```

则应输入命令 axis(v)，式中 v 是一个四元向量。axis(v) 把坐标轴定标建立在规定的
范围内。对于对数坐标图，v 的元素应为最小值和最大值的常用对数。

执行 axis(v) 会把当前的坐标轴定标保持到后面的图形中，再次键入 axis 恢复自动定标。

axis('square') 把图形的范围设定在方形范围内。对于方形长宽比，斜率为 1 的
直线恰位于 45° 上，它不会因屏幕的不规则形状而变形。axis('normal') 将使长宽比
恢复到正常状态。

9. 双纵坐标

```
plotyy(x1,y1,x2,y2)
```

x1-y1 曲线 y 轴在左，x2-y2 曲线 y 轴在右。

10. 多子图

MATLAB 允许在同一图形窗口布置几幅独立的子图。具体指令

```
subplot(m,n,k)
```

使（$m \times n$）幅子图中第 k 个子图成为当前图。图形窗口包含（$m \times n$）个子图，k 为要指定的当前子图的编号。其编号原则为：左上方为第一子图，然后向右向下依次排序。该指令按缺省值分割子图区域。

```
subplot('position',[left,bottom,width,height])
```

在指定的位置上开辟子图，并使其成为当前图。用于手工指定子图位置，指定位置的四元组采用归一化的标称单位，即认为整个图形窗口绘图区域的高、宽的取值范围都是 $[0,1]$，而左下角为（$0,0$）坐标。

产生的子图彼此独立。所有的绘图指令均可以在子图中使用。

11. 三维图形显示

三维绘图指令中，plot3 最易于理解，它的使用格式与 plot 十分相似，只是对应第三维空间的参量。具体指令为

```
plot3(x,y,z,s)
```

x、y、z 的维度相同，可以是矩阵或者向量，s 设置线型号或者颜色。属性设置同 plot 函数。

三维网线图绘图指令为 mesh(x,y,z,c)，其中 c 设置参数。

三维曲面图绘图指令为 surf(x,y,z,c)，其中 c 是颜色值。

12. 特殊图形

（1）直方图（柱形图）

bar(x,y,c)，其中，x、y 是维数相同的矩阵或者向量，配对的 x、y 按对应的列元素为横纵坐标绘制，c 选项是一些绘图控制选项，根据选项不同可以绘制垂直直方图及水平直方图等。

（2）填充图

fill(x,y,'color')，以 x 为横坐标，y 为纵坐标，绘制同色填充的区域图。

（3）阶梯图

stairs(X,Y)，在 Y 中由 X 指定的位置绘制元素。

（4）离散杆图

stem(x,y,' 参数 ')，与 plot 函数相似。

【例 1-9】分别以直方图、填充图、阶梯图和离散杆图的形式绘图。

```
x=0:0.35:7; y=2*exp(-0.5*x);
subplot(221); bar(x,y,'g'); title('bar(x,y,"g")');axis([0,7,0,2]);
subplot(222); fill(x,y,'r'); title('fill(x,y,"r")'); axis([0,7,0,2]);
subplot(223); stairs(x,y,'b'); title('stairs(x,y,"b" )'); axis([0,7,0,2]);
subplot(224); stem(x,y,'k'); title('stem(x,y,"k")'); axis([0,7,0,2])
```

结果如图 1-1 所示。

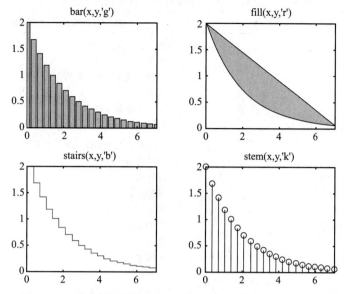

图 1-1 以直方图、填充图、阶梯图和离散杆图的形式绘图

（5）饼图

`pie3(x,explode)`，若要偏移第 n 个饼图切片，请将相应的 explosion 元素设置为 1，explode 中的元素与 x 中的元素顺序相对应。

【例 1-10】饼图示例。

```
x=[1,3,0.5,2.5,2];
explode=[0,1,0,0,0];  % 将第二个饼图切块偏移出来
pie3(x,explode)
```

（6）极坐标图

```
polar(theta,rho,选项)
```

创建角 theta 对半径 rho 的极坐标图，theta 是从 x 轴至半径向量所夹的角（以弧度单位指定），rho 是半径向量的长度（以数据空间单位指定），选项指定线型、绘图符号以及极坐标图中绘制线条的颜色。

1.5 系统分析中常用的部分命令和函数

MATLAB 命令和函数是分析和设计仿真系统时经常用到的，MATLAB 具有许多预先定义的函数，供用户在求解许多不同类型的问题时调用。表 1-16 中列出了 MATLAB 系统仿真中部分常用的函数和命令。

表 1-16　MATLAB 系统仿真中部分常用的函数和命令

控制系统分析中常用的命令和函数	命令的功能及函数的意义
abs	绝对值，复数量值
angle	相角
ans	当表达式未给定时的答案
atan	反正切
axis	手工坐标轴分度
bode	伯德图
clear	从工作空间中清除变量和函数
clg	清除屏幕图像
computer	计算机类型
conj	复数共轭
conv	求卷积，相乘
corrcoef	相关系数
cos	余弦
cosh	双曲余弦
cov	协方差矩阵
deconv	反卷积，多项式除法
det	行列式
diag	对角矩阵
eig	特征值和特征向量
exit	终止程序
exp	指数底 e
expm	矩阵指数
eye	单位矩阵
filter	直接滤波器实现
format long	15 位数字定标定点（如 1.33333333333333）
format long e	15 位数字浮点（如 1.33333333333333e+000）
format short	5 位数字定标定点（如 1.3333）
format short e	5 位数字浮点（如 1.3333e+000）
freqs	拉普拉斯变换频域响应
freqz	z 变换频域响应
grid	画网格线
hold	保持屏幕上的当前图形
i	$\sqrt{-1}$
imag	虚部
inf	无穷大（∞）
inv	矩阵求逆
j	$\sqrt{-1}$
length	向量长度
linspace	线性间隔的向量
log	自然对数
loglog	对数坐标 x-y 图
logm	矩阵对数
logspace	对数间隔向量
log10	常用对数
lqe	线性二次估计器设计
lqr	线性二次调节器设计

（续）

控制系统分析中常用的命令和函数	命令的功能及函数的意义
max	取最大值
mean	取均值
median	求中值
min	取最小值
NaN	非数值
nyquist	奈奎斯特频率响应图
ones	常数
pi	π（圆周率）
plot	线性 x-y 图形
polar	极坐标图形
poly	特征多项式
polyfit	多项式曲线拟合
polyval	多项式方程
polyvalm	矩阵多项式方程
prod	各元素的乘积
quit	退出程序
rand	均匀分布的随机数和矩阵
rank	计算矩阵秩
real	复数实部
rem	余数或模数
residue	部分分式展开
rlocus	画根轨迹
roots	求多项式根
semilogx	半对数 x-y 坐标图（x 轴为对数坐标）
semilogy	半对数 x-y 坐标图（y 轴对数坐标）
sign	符号函数
sin	正弦
sinh	双曲正弦
size	行和列的维数
sqrt	求平方根
sqrtm	求矩阵平方根
std	求标准差
step	画单位阶跃响应
subplot	将图形窗口分成若干个区域
sum	求各元素的和
tan	正切
tanh	双曲正切
text	任意规定的文本
title	图形标题
trace	矩阵的迹
who	列出当前存储器中的所有变量
xlable	x 轴标记
ylable	y 轴标记
zeros	零

1.6　MATLAB 其他相关工具

MATLAB 是国际上使用最广的工具软件之一，在几乎所有的控制理论与应用分支都有
MATLAB 的工具箱，下面将按照其名称的字母顺序列出部分工具箱及其开发者。

- Chemometrics Toolbox，由 Richard Kramer 编写。
- Control Systems Toolbox（控制系统工具箱），John Little 与 Alan Laub 等。
- Control Tutor（控制系统教学工具），Craig Borghesani。
- CtrlLAB（反馈控制系统分析与设计工具），薛定宇。
- Frequency Domain System Identifications Toolbox（频域辨识工具箱），István Kollár 与 Johan Schoukens。
- Fuzzy Logic Toolbox（模糊逻辑工具箱），Ned Gulley 与 Roger Jang 等。
- Higher-Order Spectral Analysis Toolbox（高阶谱分析工具箱），Jerry Mendel 与 Max Nikias 等。
- LMI Control Toolbox（线性矩阵不等式鲁棒设计工具箱），Pascal Gahinet、Arkadi Nemirovski 与 Alan Laub。
- Model Predictive Control Toolbox（模型预测控制工具箱），Manfred Morari 与 Lawrence Ricker。
- Modified Maximum Likelihood Estimator（MMLE3）Toolbox（改进的极大似然估计工具箱），Wes Wang。
- Mu-Analysis and Synthesis Toolbox（基于结构奇异值的系统分析与综合工具箱），Gary Balas、Andy Packard 和 John Doyle 等。
- Multivariable Frequency Domain Toolbox（多变量频域设计工具箱），Jan Meciejowski 等开发。
- Neural Network Based Control and Identification Toolkits（基于神经网络的控制与辨识工具），Magnus Nogaard。
- Neural Network Toolbox（神经网络工具箱），Howard Demuth 与 Mark Beale。
- Nonlinear Control Design Blockset（非线性控制设计工具模块集），M. Yeddanapudi 与 A. Potvin。
- Polynomial Toolbox（基于多项式的鲁棒控制工具箱），Didier Henrion、Ferda Kraffer、Huibert Kwakernaak 等。
- QFT Control Design Toolbox（定量反馈理论控制设计工具箱），Craig Borghesani、Yossi Chait 与 Oded Yaniv。
- Riots 95（最优控制问题求解工具），Adam Schwartz 与陈阳泉等。
- Robotics Toolbox（机器人工具箱），Peter Corke。
- Robust Control Toolbox（鲁棒控制工具箱），Richard Chiang 与 Michael Sofanov。
- Signal Processing Toolbox（信号处理工具箱），John Little 与 Loren Shure 等。
- System Identification Toolbox（系统辨识工具箱），Lennart Ljung。

除此之外，还有在控制问题求解中很实用的数学和其他工具，如 Communications Toolbox（通信工具箱）、Genetic Algorithm Optimisation Toolbox（遗传算法最优化工具箱）、Image Processing Toolbox（图像处理工具箱）、Optimisation Toolbox（最优化计算工具箱）、Partial Differential Equation Toolbox（偏微分方程求解工具箱）、NAG（National Algorithm Group）Foundation Toolbox（英国国家算法研究组的数值分析工具箱）、Spline Toolbox（样条函数工具箱）、Statistics Toolbox（数理统计工具箱）、Symbolic Toolbox（符号运算工具箱）、Wavelet Toolbox（小波分析工具箱）等。同时还可以通过互联网下载一些免费的 MATLAB 工具。在表 1-17 中列出可以访问的 FTP 网址。

表 1-17　MathWorks 公司的一些镜像 FTP 网址

位置	FTP 地址
美国	http://www.mathworks.com
美国	ftp:/ftp.mathworks.com
英国	ftp:/unix.hensa.ac.uk/mirrors/matlab
德国	ftp://ftp.math.uni-hamburg.de/pub/soft/math/matlab
德国	ftp://ftp.ask.uni-karlsruhe.de/pub/matlab
捷克	ftp://sunsite.mff.cuni.cz/MIRRORS/ftp.mathworks.com/pub
日本	ftp://ftp.u-aizu.ac.jp/pub/vendor/mathworks

习题

1. 到 MathWorks 公司网站（http://www.mathworks.cn）上查阅相关工具箱手册。学会安装 MATLAB 软件，并输入 demo 命令，运行演示程序。
2. 熟悉 MATLAB 桌面平台窗口，熟悉菜单栏、工具栏等。
3. MATLAB 有哪些帮助命令？试列举 3 个以上。
4. 设 A=[1 2 3; 4 5 6; 6 5 4; 3 2 1], B=[2 4 6; 1 4 7; 7 4 1; 6 4 2]，请求解 $A.*B$，$A.\wedge B$，$A./B$ 及 $A.\backslash B$ 的值。
5. 用 MATLAB 命令完成矩阵的各种运算。已知矩阵

$$A = \begin{bmatrix} 10 & 11 & 12 & 13 \\ 20 & 21 & 22 & 23 \\ 30 & 31 & 32 & 33 \\ 40 & 41 & 42 & 43 \end{bmatrix}$$ 求下列运算结果。

（1）A(:,1);　　　　　　　　　　（2）A(2,:);
（3）A(:,2:3);　　　　　　　　　　（4）A(2:3,2:3);
（5）A(:,1:2:3);　　　　　　　　　（6）A(2:3);
（7）A(:);　　　　　　　　　　　　（8）A(:,:);
（9）ones(2,2);　　　　　　　　　　（10）eye(2);
（11）[A,[ones(2,2),eye(2)]];　　　（12）diag(A);
（13）diag(A,1);　　　　　　　　　（14）diag(A,-1);

（15）diag(A,2)。

6. 用 MATLAB 命令完成如下矩阵函数运算。

（1）输入矩阵 A：$A = \begin{bmatrix} 0 & \dfrac{\pi}{3} \\ \dfrac{\pi}{6} & \dfrac{\pi}{2} \end{bmatrix}$。

（2）求矩阵 B_1，B_1 中每一个元素为对应矩阵 A 中每一个元素的正弦函数。

（3）求矩阵 B_2，B_2 中每一个元素为对应矩阵 A 中每一个元素的余弦函数。

（4）求 $B_1^2 + B_2^2$。

（5）使用 funm 命令求矩阵 A 的正弦函数。

（6）求 $\cos A$。

（7）证明 $\sin^2 A + \cos^2 A = I$。

7. 用 MATLAB 命令完成下列矩阵运算。

（1）使用 rand 命令产生 5 个 2×2 随机矩阵 A、B、C、D、E。

（2）求下列矩阵：$F = A^{-1} \left[B + C^{-1} \left(D^{-1} E \right) \right]$。

8. 请编写程序：函数 f(x,y,z) = xy+xz-y²z，请计算 f(1,2,3)。

9. 试用循环结构找出 5000 以下所有的质数。

10. 请编写程序：给定两个实数 a、b 和一个正整数 n，给出 $k=1,2,\cdots,n$ 时的所有 $(a+b)^n$ 和 $(a-b)^n$。（本题令 $n=10$。）

11. 请编写程序：求两个自然数，这两个数的和等于 100，且第一个数被 2 整除的商与第二个数被 4 整除的商的和为 36。

12. x=0:0.1:10;y=3*exp(-0.5*x)，分别以直方图、填充图、阶梯图和离散杆图的形式在同一界面中绘图。

13. 绘制下列各种函数图形。

（1）绘制下列极坐标图形（区间 $0 \leqslant \theta \leqslant 2\pi$）：① $r = 3(1-\cos\theta)$；② $r = 2(1+\cos\theta)$；③ $r = 2(1+2\sin\theta)$；④ $r = \cos 3\theta$；⑤ $r = e^{\theta/(4\pi)}$；

（2）$y(t) = 1 - 2e^{-t}\sin(t)(0 \leqslant t \leqslant 8)$ 且在 x 轴上写 "Time" 标号，y 轴上写 "Amplitude" 标号，标题为 "Exponential"。

14. 绘制图形 $y(t) = 5e^{-0.2t}\cos(0.9t - 30°) + 0.8e^{-2t} (0 \leqslant t \leqslant 30)$。

第2章　Simulink 仿真

Simulink 是 MATLAB 中的一种可视化仿真工具，用来对工程问题进行动态建模和仿真，具有良好的图形交互界面，通过 Simulink 模块进行组合，就能够快速、准确地创建动态系统的计算机模型。本章主要内容包括 Simulink 仿真基础、Simulink 仿真模型建立、Simulink 子系统、Simulink 运行仿真及 S 函数的设计及应用。

Simulink 是一个模块图环境，用于多领域仿真以及基于模型的设计。它支持系统级设计、仿真、自动代码生成以及嵌入式系统的连续测试和验证。Simulink 提供图形编辑器、可自定义的模块库以及求解器，能够进行动态系统建模和仿真。Simulink 与 MATLAB 相集成，用户不仅能在 Simulink 中将 MATLAB 算法融入模型，还能将仿真结果导出至 MATLAB 做进一步分析。

2.1　Simulink 仿真环境

2.1.1　Simulink 软件的启动

1. 命令方式

在 MATLAB 命令窗口中输入 simulink 命令，按 <Enter> 键，启动图 2-1 所示的 Simulink 模块库浏览器窗口，然后单击浏览器窗口中的新建模型图标，弹出 Simulink 仿真窗口（如图 2-2 所示）。

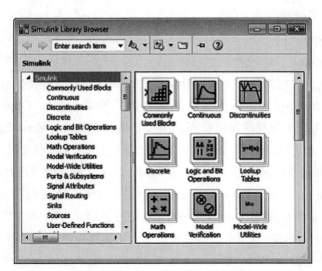

图 2-1　Simulink 模块库浏览器窗口

2. 菜单方式

在 MATLAB 菜单栏中依次选择 File → New → Model 命令，会弹出如图 2-2 所示的仿真窗口。

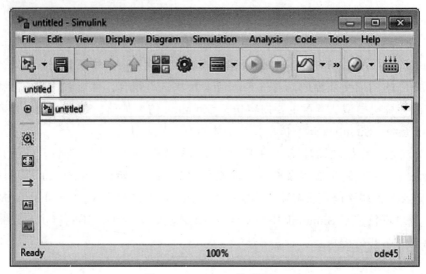

图 2-2   Simulink 仿真窗口

3. 快捷方式

单击 MATLAB 主窗口工具栏中的 Simulink 快捷图标 ，就会弹出 Simulink 仿真窗口。

2.1.2   Simulink 通用模块库

由图 2-1 所示的 Simulink 模块库可以看到，Simulink 提供了许多公共模块库（如图 2-3 所示），每个公共模块库还包含很多的下一级子模块及模块库，将这些模块相互连接就可以构建起各类系统的模型。

图 2-3 中，Commonly Used Blocks 为常用模块库；Continuous 为连续函数模块库，例如 Derivative 和 Integrator；Dashboard 为与仿真进行交互的控制和指示模块库；Discontinuities 为不连续函数模块库，例如 Saturation；Discrete 为离散时间函数模块库，例如 Unit Delay；Logic and Bit Operations 为逻辑或位运算模块库，例如 Logical Operator 和 Relational Operator；Lookup Tables 为查找表模块库，例如 Cosine 和 Sine；Math Operations 为数学函数模块库，例如 Gain、Product 和 Sum；Model-Wide Utilities 为模型范围的运算模块库，例如 Model Info 和 Block Support Table；Model Verification 为对模型进行自我验证的模块库，例如 Check Input Resolution；Ports & Subsystems 为与子系统有关的模块库，例如 Inport、Outport、Subsystem 和 Model；Signal Attributes 为修改信号属性的模块库，例如 Data Type Conversion；Signal Routing 为传送信号的模块库，例如 Bus Creator 和 Switch；Sinks 为显示或导出信号数据的模块库，例如 Scope 和 To Workspace；Sources 为生成或导入信号数

据的模块库，例如 Sine Wave 和 From Workspace；User-Defined Functions 为自定义函数模块库，如 MATLAB Function、MATLAB System、Simulink Function 和 Initialize Function；Additional Math & Discrete 为数学和离散函数模块库，例如 Decrement Stored Integer。

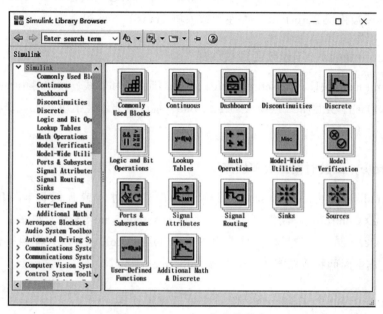

图 2-3　Simulink 公共模块库

下面详细介绍部分公共模块库。

1. Commonly Used Blocks：常用模块库

Simulink 为方便用户使用，将各模块库中最常用到的模块放在一起，组成了常用模块库，如图 2-4 所示。

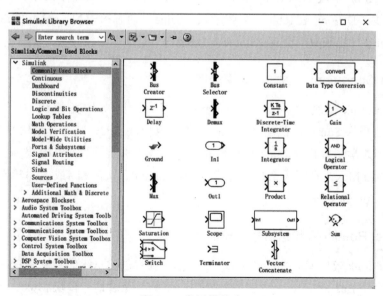

图 2-4　常用模块库

2. Continuous：连续函数模块库

双击 Simulink 模块库的 Continuous 图标，则有对信号求积分的模块 Integrator、连续时间或离散时间 PID 控制器模块 PID Controller、线性状态空间系统模块 State-Space、零极点增益传递函数模块 Zero-Pole、传递函数模块 Transfer Fcn 等。

3. Discontinuities：不连续函数模块库

双击 Simulink 模块库的 Discontinuities 图标，则有饱和非线性模块 Saturation、间隙非线性模块 Backlash、死区非线性模块 Dead Zone、继电器非线性模块 Relay、检测穿越点模块 Hit Crossing 等。

4. Discrete：离散时间函数模块库

双击 Simulink 模块库的 Discrete 图标，则有离散时间或连续时间 PID 控制器模块 Discrete PID Controller、离散状态空间模块 Discrete State-Space、离散传递函数模块 Discrete Transfer Fcn、一阶采样保持器模块 First-Order Hold、零阶采样保持器模块 Zero-Order Hold、离散时间积分器模块 Discrete-Time Integrator 等。

5. Logic and Bit Operations：逻辑或位运算模块库

双击 Simulink 模块库的 Logic and Bit Operations 图标，则有逻辑运算模块 Logical Operator、关系运算模块 Relational Operator、真值表模块 Combinatorial Logic、按位运算模块 Bitwise Operator 等。

6. Lookup Tables：查找表模块库

双击 Simulink 模块库的 Lookup Tables 图标，则有一维函数模块 1-D Lookup Table、二维函数模块 2-D Lookup Table、余弦模块 Cosine、动态表模块 Lookup Table Dynamic、正弦模块 Sine、N 维函数模块 n-D Lookup Table 等。

7. Math Operations：数学函数模块库

双击 Simulink 模块库的 Math Operations 图标，则有增益模块 Gain、乘法模块 Product、加法模块 Sum、除法模块 Divide、加运算模块 Add、减运算模块 Subtract、绝对值模块 Abs、数学函数模块 Math Function、符号模块 Sign、平方根模块 Sqrt、最小值或最大值模块 MinMax、多项式系数计算模块 Polynomial、实部和 / 或虚部转换为复数模块 Real-Imag to Complex 等。

8. Signal Routing：传送信号的模块库

双击 Simulink 模块库的 Signal Routing 图标，则有创建总线信号模块 Bus Creator、总线选择信号模块 Bus Selector、分解信号模块 Demux、组合信号模块 Mux、选择开关模块 Switch、总线信号指定模块 Bus Assignment、读取数据模块 Data Store Read、写入数据模块 Data Store Write、信号手动切换模块 Manual Switch、信号合并模块 Merge 等。

9. Sinks：显示或导出信号数据的模块库

双击 Simulink 模块库的 Sinks 图标，则有创建输出端口模块 Outport、示波器模块 Scope、终止未连接输出端口模块 Terminator、显示模块 Display、数据写入文件模块 To File、数据写入工作区模块 To Workspace、X-Y 坐标显示模块 XY Graph 等。

10. Sources：生成或导入信号数据的模块库

双击 Simulink 模块库的 Sources 图标，则有常量值模块 Constant、从工作区读出数据模块 From Workspace、接地模块 Ground、输入端口模块 Inport、脉冲生成模块 Pulse Generator、正弦波模块 Sine Wave、阶跃模块 Step、时钟模块 Clock、数字时钟模块 Digital Clock、从 MAT 文件读取数据模块 From File、斜坡信号模块 Ramp、正态分布随机数模块 Random Number、均匀分布随机数模块 Uniform Random Number 等。

11. User-Defined Functions：自定义函数模块库

双击 Simulink 模块库的 User-Defined Functions 图标，则有：简单的表达式模块 Fcn，需要说明的是表达式中可用的函数比较有限（基本上就是一些简单的数学函数），可以生成 C 代码；MATLAB 函数模块 MATLAB Function，该模块对应一个 M 文件，对输入信号可以进行任意处理后得到输出，可使用 MATLAB 的任何函数；S 函数模块 S-Function，可以实现 Simulink 任何模块的功能。

2.1.3 Simulink 专用模块库

除了通用模块库，Simulink 还有不少用于各个具体专业领域的专用模块库，包括：Aerospace Blockset 用于航空航天领域的仿真；Audio Toolbox 用于音频仿真设计；Automated Driving Toolbox 用于自动驾驶系统仿真设计；Communications Toolbox 用于通信领域的仿真；Computer Vision Toolbox 用于计算机视觉的仿真；Control System Toolbox 用于控制系统的仿真；Data Acquisition Toolbox 用于数据的输入 / 输出；DSP System Toolbox 用于 DSP 系统仿真设计；Embedded Coder 用于嵌入式系统仿真；Fuzzy Control Toolbox 用于模糊控制仿真；Gauages Blocket 用于计量表仿真；Image Acquisition Toolbox 用于图像处理仿真；Instrument Control Toolbox 用于仪器仪表仿真；Model Predictive Control Toolbox 用于模型预测仿真；Neural Network Control Toolbox 用于神经网络仿真；OPC Toolbox 用于最优控制仿真；Reinforcement Learning Toolbox 用于增强学习仿真；Report Generator 用于产生调试报告；Robotics System Toolbox 用于机器人仿真；Robust Control Toolbox 用于鲁棒控制仿真；Simevents 用于事件模拟仿真；SimScape 用于摄影仿真；Simulink 3D Animation 用于三维动画仿真；Simulink Coder 用于开发模拟器仿真；Simulink Control Design 用于控制设计模拟仿真；Simulink Design Optimization 用于优化设计仿真；Simulink Design Verifier

用于设计验证器仿真；Simmechanics 用于机械力学仿真；Simulink Extras 为公共补充模块库；Simulink Verification and Validation 用于验证和有效性仿真；Stateflow 用于状态流仿真；System Identification Toolbox 用于系统辨识仿真；Simulink Parameters Estimation 用于参数评估仿真；Vehicle Network Toolbox 用于车载网络仿真等。

2.2　Simulink 仿真模型的建立

使用 Simulink 进行仿真首先要熟悉 Simulink 中的模块、信号线、模型及仿真运行等方面的内容，本节将介绍一些基本操作。

2.2.1　Simulink 模块操作

模块是 Simulink 仿真模型的基本元素，各个模块可以实现不同的功能，Simulink 模块可以进行如下的操作。

1. 模块选取和删除

要建立 Simulink 仿真模型，首先要从模块库中选取目标模块，并放到 Simulink 仿真窗口中，一般有两种方法。

1）在目标模块上单击鼠标右键，选择快捷菜单中的"Add block to model untitled"选项，该模块就出现在 Simulink 仿真窗口中。

2）选中目标模块，按住鼠标左键将模块拖放至 Simulink 仿真窗口中，然后松开鼠标就可以将目标模块选取。

要删除目标模块，只需要用鼠标选中该模块，然后按下 <Delete> 键即可。

2. 模块的调整

模块的调整包括调整模块大小、移动模块、复制模块及旋转模块等。用鼠标选中目标模块，模块四个角上会出现小方块，单击任意一个角上的小方块并按住鼠标左键，拖曳鼠标到期望大小位置就可调整模块大小。单击目标模块，按住鼠标右键，将目标模块拖曳到期望的位置，然后松开鼠标就可实现移动模块的功能。如果需要复制已经在 Simulink 仿真窗口中的模块，可以用鼠标选中目标模块，单击鼠标右键，选择菜单中的"Copy"选项，然后再选择菜单中的"Paste"选项就可以完成复制。如果想旋转目标模块，可以用鼠标选中目标模块，单击鼠标右键，选择菜单中的"Rotate&Flip → Clockwise"选项或"Rotate&Flip → Counterclockwise"选项，即可实现将目标模块顺时针或逆时针旋转 90°。

3. 模块参数设置

目标模块参数的设置可以通过两种方法实现。

1）用鼠标双击目标模块，会弹出"Block Parameters"对话框，可以对目标模块的相关参数进行设置。

2）选中目标模块，单击鼠标右键，选择菜单中的"Block Parameters"选项，会弹出"Block Parameters"对话框，即可修改相关参数。

4. 模块名称更改

用鼠标单击目标模块名，在原模块名称上会出现一个编辑框，光标一闪一闪，此时就可对原模块名称进行更改，改完后将光标移至编辑框外单击即可。

2.2.2 Simulink 信号操作

信号操作是 Simulink 仿真的重要内容，Simulink 模块之间的连接不是简单的连线，它代表数据的传输方向及位置，是从一个模块的输出端到另一模块的输入端。

1. 模块连线

模块间的连线叫信号线，可以由如下几种方法实现。

1）单击一个端口，单击要连接的端口。

2）选择第一个模块，按住 <Ctrl> 键并单击第二个模块。

3）从端口拖动到端口。

4）单击一个端口，按住 <Shift> 键并连接到下一个端口；按住 <Shift> 键可连续进行多个连接。

2. 画分支线

分支线可以由如下几种方法实现。

1）单击一个端口，将鼠标移至要分支的信号线的附近；看到预览后单击。

2）选择一条线，将鼠标移向要连接的元素，然后单击端口。

3）按住 <Ctrl> 键并拖动线条。

4）按住鼠标右键，并拖动线条。

3. 信号线名称更改

可以通过双击信号线或单击标签进入标签编辑框，输入目标内容，在标签编辑框外单击鼠标即可。

2.2.3 Simulink 子系统

利用子系统，可以创建包含多个层的分层模型。子系统是可以用单个 Subsystem 模块替换的一组模块。随着模型的大小和复杂度的增加，可以通过将模块组合为子系统来简化它。使用子系统将建立一个分层模块图，其中的 Subsystem 模块位于一层，而构成子系统的模块位于另一层；将功能相关的模块放在一起，有助于减少模型窗口中显示的模块数目。当创建子系统的副本时，该副本将独立于原子系统。

可以用如下方法创建子系统。

1）向模型中添加一个 Subsystem 模块，然后打开模块，并将模块添加到子系统窗口中，使用 Subsystem 模块创建子系统。

2）选择子系统中所需的模块，右击并从弹出的上下文菜单中选择 Create Subsystem from Selection，根据选定的模块创建子系统。

3）将模型复制到子系统中。在 Simulink Editor 中，将模型复制并粘贴到子系统窗口中，或使用 Simulink.BlockDiagram.copyContentsToSubsystem。

4）将现有 Subsystem 模块复制到模型中。

5）围绕希望纳入子系统的模块拖出一个框，然后从上下文选项中选择所需子系统的类型，使用上下文选项创建子系统。

【例 2-1】使用 Subsystem 模块创建子系统，向模型中添加一个 Subsystem 模块，然后添加构成子系统的模块。

1）从 Ports & Subsystems 库中将一个 Subsystem 模块复制到模型中。

2）双击打开该 Subsystem 模块。

3）在空的子系统窗口中，创建子系统内容。使用 Inport 模块表示来自子系统外部的输入，使用 Outport 模块表示外部输出。

此子系统包括 Product 模块，以及表示子系统的输入和输出的 Inport 和 Outport 模块，如图 2-5 所示。

当关闭子系统窗口时，如图 2-6 所示，Subsystem 模块会包含分别对应于每个 Inport 和 Outport 模块的端口。

图 2-5　例 2-1 子系统构建示意图　　图 2-6　例 2-1 子系统建成后的示意图

2.2.4　Simulink 运行仿真

本节介绍创建模型、向模型中添加模块、对齐和连接模块、设置模块参数、添加更多模块，以及建立分支连接等内容。

1. 启动 Simulink 并创建模型

1）在 MATLAB 主页选项卡中，单击 Simulink。

2）在 Simulink Start Page 上，单击 Blank Model 模板，将在 Simulink Editor 中打开一个基于模板的新模型。

3）打开 Library Browser，以便访问需要添加到模型的模块，在 Simulink Editor 中，单击 Library Browser 按钮▓▓。

2. 向模型中添加模块

一个模型至少要接收一个输入信号，对该信号进行处理，然后输出结果。在 Library Browser 中，Sources 库包含代表输入信号的模块，Sinks 库包含用于捕获和显示输出的模块，其他库包含可用于各种用途（如数学运算）的模块。

在此基本模型示例中，输入信号为正弦波，执行的操作为增益运算（通过乘法增加信号值），结果输出到一个 Scope 窗口。尝试使用不同的方法来浏览库，并向模型中添加模块。

1）打开 Sources 库。在 Library Browser 的树视图中，单击 Sources 库。

2）在右窗格中，将鼠标悬停在 Sine Wave 模块上，以查看描述其用途的工具提示。

3）使用上下文菜单在模型中添加一个模块。右击 Sine Wave 模块并选择 Add block to model untitled。要了解该模块的详细信息，请从上下文菜单中选择 Help。

4）通过拖放操作在模型中添加一个模块。在库树视图中，单击 Math Operations。在 Math Operations 库中，找到 Gain 模块，然后将其拖到模型中的 Sine Wave 模块的右侧。

5）在库树视图中，单击 Simulink，查看以图标形式显示在右窗格中的子库。此视图是导航库结构的另一种方法。双击 Sinks 库图标。

6）在 Sinks 库中，找到 Scope 模块，然后使用上下文菜单或通过拖放操作将其添加到模型中。

图 2-7　模型示意图

现在，模型如图 2-7 所示。

3. 对齐和连接模块

连接模块以在模型元素之间建立关系，使模型能够正常工作。当根据模块之间的交互方式对齐模块后，模型将更加一目了然。快捷方式可以帮助对齐和连接模块。

1）拖动 Gain 模块，使其与 Sine Wave 模块对齐。当两个模块水平对齐时，将出现一条对齐参考线。释放模块，此时将出现一个蓝色箭头，作为建议连接线的预览。图 2-8 为模块连线示意图。

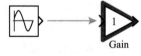

图 2-8　模块连线示意图

2）要接受该连接线，请单击箭头的末端。此时参考线将变成一条实线。

3）采用同样的方法，将 Scope 模块与 Gain 模块对齐并连接起来。

4. 设置模块参数

可以设置大多数模块上的参数。参数可以帮助指定模块如何在模型中工作，可以使用默认值，也可以设置值。可以使用 Property Inspector 设置参数，也可以双击大多数模块，使用模块对话框来设置参数。

下面以设置正弦波的幅值和增益值为例进行说明，具体步骤如下。

1）显示 Property Inspector。选择 View → Property Inspector。

2）选择 Sine Wave 模块。

3）在 Property Inspector 中，将 Amplitude 参数设置为 2。

4）对于其值显示在图标上的模块，可以交互方式编辑参数。选择 Gain 模块，将鼠标悬停在模块上方，数字下方会出现蓝色下划线。

5）将 Gain 参数设置为 3。单击带下划线的数字，将其删除，然后输入 3。

图 2-9 为模块参数设置示意图。

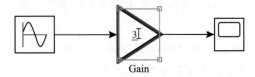

图 2-9　模块参数设置示意图

在模块对话框或 Property Inspector 中，当将模块参数值设置为变量或函数时，Simulink 会根据编辑字段中输入的当前文本提供建议列表以供选择。这些建议包括来自对可编辑的模块参数可见的每个工作区（基础、模型和封装）、数据字典和引用字典的相关变量或对象。自动补全功能适用于变量、结构体和对象的字段，以及 MATLAB 路径上的函数。

5. 添加更多模块

假设要再执行一个增益运算，但这次针对的是 Sine Wave 模块的输出绝对值。为了实现此目的，需要添加一些模块，请尝试通过不同的方式找到库中的模块并把它添加到模型中。

1）如果知道要添加的模块的名称，可以使用快捷方式。单击要添加模块的位置，然后输入模块名称（在本例中为 Gain，如图 2-10 所示）。

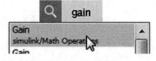

图 2-10　模块名称读取示意图

显示的建议列表将根据最近的模块使用历史记录进行动态排名。

2）单击模块名称，或者在突出显示模块名称后按 <Enter> 键。如果它不是列表中的第一个模块，可以使用箭头键突出显示模块名称。

3）某些模块会显示要求为某个模块参数输入值的提示。Gain 模块会提示输入 Gain 值。输入 3 并按 <Enter> 键。

4）要计算绝对值，请添加一个 Abs 模块。假定不知道模块在哪个库中，也不知道模块的完整名称。可以使用 Library Browser 中的搜索框进行搜索。在搜索框中输入 abs 并按 <Enter> 键。当找到 Abs 模块后，将其添加到新的 Gain 模块的左侧。

5）添加另一个 Scope 模块。可以右击并拖动现有的 Scope 模块为其创建一个副本，或使用 Copy 和 Paste 命令。

图 2-11 显示了模型的当前状态。

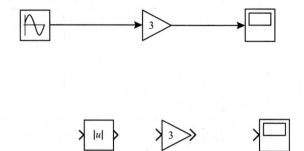

图 2-11　模型当前状态示意图

6. 建立分支连接

第二个 Gain 模块的输入是 Sine Wave 模块的输出的绝对值。要使用一个 Sine Wave 模块作为两个增益运算的输入，需要从 Sine Wave 模块的输出信号上创建一条分支。

1）对于模型中的第一组模块，如图 2-12 所示，使用了水平对齐参考线帮助你对齐和连接它们，还可以使用参考线垂直对齐模块。将第二个 Scope 模块拖到第一个模块下面并与之对齐。当垂直对齐参考线显示两个模块已对齐时，释放模块。

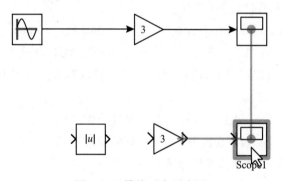

图 2-12　模块对齐示意图

2）可以单击两个端口来连接它们。如图 2-13 所示，单击第一个端口后，兼容端口将突出显示，然后单击另一个要连接的端口。

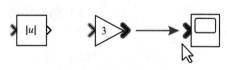

图 2-13　模块连接示意图

如图 2-14 所示，对齐并连接模块。

3）从 Sine Wave 模块的输出端口创建一条连接到 Abs 模块的分支线。如图 2-15 所示，单击 Abs 模块的输入端口，将鼠标从 Sine Wave 模块移向输出信号线，预览线将出现，单击以创建分支。

也可以通过单击线段并将鼠标向端口移动来绘制分支。

4）命名信号。如图 2-16 所示，双击下方的 Gain 模块和 Scope 模块之间的信号，然后输入 Scope。双击信号线而不是画布的空白区域。有关处理信号名称的其他方法，请参阅信号名称和标签操作。

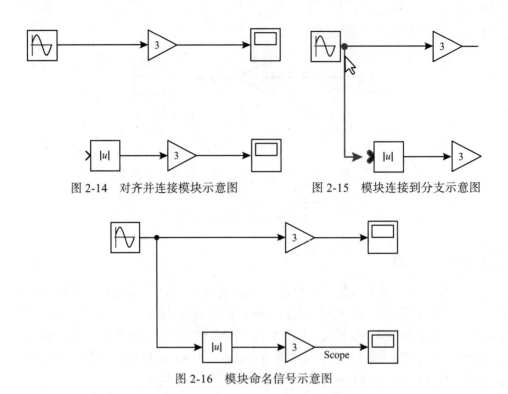

图 2-14 对齐并连接模块示意图 　　　　　　　图 2-15 模块连接到分支示意图

图 2-16 模块命名信号示意图

尝试使用下列方法添加或连接模块。

1）从模块端口拖动鼠标并松开，绘制一条红色的虚线。双击该线末尾，以快捷方式插入模块。菜单上将列出在当前上下文中建议使用的模块，可以从列出的模块中选择一个。

2）输入模块的名称，以获取以输入字符开头的模块列表。此列表根据最近的模块使用历史记录进行动态排名。

3）单击一个端口后，在连接到另一个端口时按住 <Shift> 键。按住 <Shift> 键后，可以连续进行多次连接。例如，在按住 <Shift> 键的同时，只需一次单击，即可分支一条新信号线并将其连接到另一个端口或信号线。

4）如图 2-17 所示，选择第一个模块，然后按住 <Ctrl> 键并单击要连接的模块。当需要连接具有多个输入和输出的模块时，例如将多个模块连接到总线或连接具有多个端口的两个子系统时，此方法很有用。就像单击两个端口一样，此方法在不希望对齐模块时很有用。建立连接时，信号线会视需要弯折。

如图 2-18 所示，要将线段拉成斜线，请按住 <Shift> 键并拖动顶点。

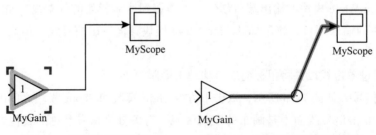

图 2-17 模块连接示意图 　　　　图 2-18 模块斜线连接示意图

2.3　S 函数的设计及应用

S 函数（System Function）是 Simulink 自带模块不足以满足需求时，用户自己用 MATLAB、C、Fortran 等语言编写的模块，从而扩展 Simulink 的功能。

根据 S 函数代码使用的编程语言，S 函数可以分成 M 文件 S 函数（即用 MATLAB 语言编写的 S 函数）、C 语言 S 函数、C++ 语言 S 函数以及 Fortran 语言 S 函数等。通过 S 函数创建的模块具有与 Simulink 模型库中的模块相同的特征，它可以与 Simulink 求解器进行交互，支持连续状态和离散状态模型。

1. 在 Simulink 中创建 S 函数

当一个系统描述为一组复杂的数学方程时，可以利用 S 函数采用文本方式输入复杂的方程，而不需要用零散的模块组合公式。

如图 2-19 所示，在搜索栏里输入 S-Function 可以直接找到该模块，也可以从 Simulink 中找到用户自定义函数，然后再从里面找到 S-Function 模块。

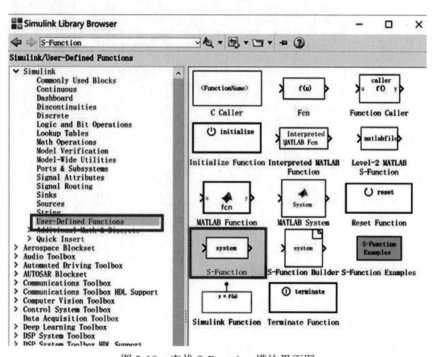

图 2-19　查找 S-Function 模块界面图

S-Function 模块是一个单输入、单输出模块，如果需要多个输入或者输出，可用 Mux 模块和 Demux 模块将输入合并或者将输出分开，如图 2-20 所示。

双击打开模块后，如图 2-21 所示，输入 name，然后在第 2 行指定传送到相应 S 函数中的参数值，按照要求顺序输入参数，并用逗号隔开。

图 2-20　Mux 模块和 Demux 模块示意图

2. 自定义编写 S 函数

在编写 M 文件的 S 函数时，可以使用 M 文件的 S 函数模板——sfuntmpl.m 文件。该文件包含了所有的 S 函数的例程，包含 1 个主函数和 6 个子函数。在主函数程序中使用一个多分支语句（switch-case）根据标志将执行流程转移到相应的例程函数。主函数的参数 Flag 标志值是由系统（Simulink 引擎）调用时给出的。

打开该模板文件的方法有两种：用户可以在 MATLAB 命令窗口中输入 edit sfuntmpl；或者依次选择 User-defined Function → S-function Examples → M-file S-functions → Leveal-1 M-fileS-functions1 → Leveal-1 M-file template。具体编写如下例所示。

【例 2-2】设控制系统的传递函数为 $G(s) = \dfrac{2}{s+1}$，请利用 Simulink 设计 S 函数，求出该系统的单位阶跃响应。

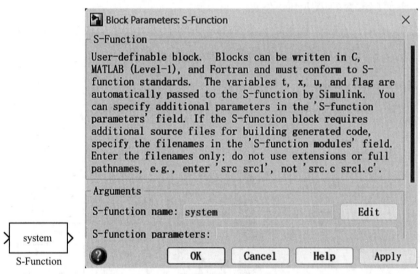

图 2-21　模块参数设置示意图

解：1）求取系统状态空间方程。

由系统传递函数求出系统的运动方程，即

$$\frac{Y(s)}{U(s)} = \frac{2}{s+1} \rightarrow \dot{y} + y = 2u$$

取状态变量 $x=y$，则系统的状态空间方程为

$$\begin{cases} \dot{x} = -x + 2u \\ y = x \end{cases}$$

2）建立 S 函数的 M 文件。

在 MATLAB 命令窗口中输入：

```
>> edit sfun1
```

具体程序代码如下：

```
function[sys,x0,str,ts]=sfun1(t,x,u,flag,x_ini)
x_ini=0;    % 状态变量 x 初始值
switch flag,
  case 0,%  初始化
     [sys,x0,str,ts]=mdlInitializeSizes(x_ini);
  case 1,%  连续系统状态变量
     sys=mdlDerivatives(t,x,u);
  case 3,%  输出计算
      sys=mdlOutputs(t,x,u);
  case {2,4,9},% 未定义
     sys=[];
  otherwise    % 错误标识
     error(['unhandledFlag',num2str(flag)]);
end
% 初始化子函数, 系统初始化及变量数量设置
function[sys,x0,str,ts]=mdlInitializeSizes(x_ini)
sizes=simsizes;                     % 系统默认设置
sizes.NumContStates  = 1;           % 系统连续变量数为 1
sizes.NumDiscStates  = 0;           % 系统离散变量数为 0
sizes.NumOutputs     = 1;           % 系统输出数为 1
sizes.NumInputs      = 1;           % 系统输入数为 1
sizes.DirFeedthrough = 0;           % 系统输入和输出间不存在直接比例关系
sizes.NumSampleTimes = 1;           % 只要一个采样周期
sys=simsizes(sizes);                % 设置完成输出给 sys
x0=x_ini;                           % 状态变量 x 的初始值
str=[];                             % 固定格式设置字符串矩阵
ts=[0 0];                           % 采样周期设置
% 状态变量计算
function sys=mdlDerivatives(t,x,u)
dx=-x+2*u;          % 系统的状态方程
sys=dx;             % 将导数向量赋值给 sys
% 输出计算
function sys=mdlOutputs(t,x,u)
sys=x;
% 仿真结束
function sys=mdlTerminate(t,x,u)
sys=[];
```

3）将 sfun1 创建成 S-Function 模块，如图 2-22 所示，具体操作如下：打开 Simulink，将 User-Defined Functions 库中的 S-Function 模块拖到工作窗口，双击该模块，如图 2-23 所示，将名称改为 sfun1，并相应放入单位阶跃信号发生器和示波器。

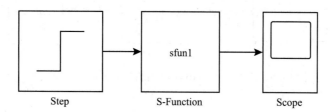

Step   S-Function   Scope

图 2-22　例 2-2 的 S 函数 Simulink 模块示意图

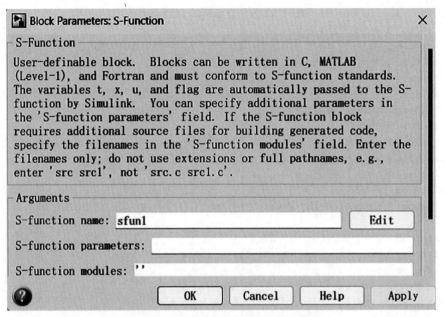

图 2-23　模块改名及参数设置示意图

4）启动 Simulink 仿真，得到如图 2-24 所示的响应曲线。

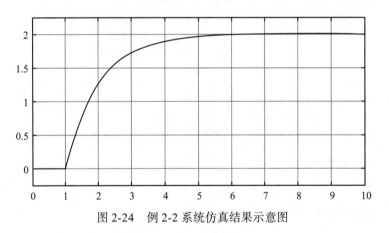

图 2-24　例 2-2 系统仿真结果示意图

5）验证。如图 2-25 所示，在 Simulink 中搭建与例 2-2 一致的仿真系统，其运行结果与图 2-24 完全相同，证明代码正确。

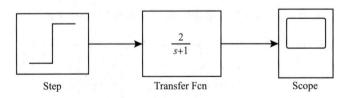

图 2-25　直接用 Simulink 传递函数验证例 2-2 模型图

习题

1. MATLAB/Simulink 编写 S 函数的模板如何打开?

2. 设控制系统的传递函数为 $G(s) = \dfrac{1}{s+2}$，请利用 Simulink 设计 S 函数，求出该系统的单位阶跃响应。

第 3 章　控制系统仿真

任何系统都存在三个要研究的内容——实体、属性、活动。实体是指组成系统的具体对象；属性是指实体的特性（状态和参数）；活动即对象随时间推移而发生的状态变化。系统仿真就是建立系统的模型并在模型上进行仿真实验的过程。本章内容主要是与传统控制理论相对应的内容，包括线性系统建模、控制理论方法分析、基于 Simulink 的非线性系统仿真等。

3.1　线性控制系统模型

系统建模实质上是一个对于实际系统的本质加以提取并建立既比较简单，又能基本反映实际系统情况的模型的过程。总体来说，系统模型分为线性和非线性两种，线性模型又有连续、离散和混合等类型。本节主要介绍传递函数模型、零极点增益模型和状态空间模型的构造 / 转换 / 获取模型数据，以及不同模型之间的串联、并联、反馈连接等。本节中采用的有关控制系统分析的 MATLAB 常用命令都被置于控制系统工具箱中。本书将简单介绍所用到的一些有关控制系统的命令。

1. 传递函数模型

$$G(s) = \frac{\text{num}(s)}{\text{den}(s)} = \frac{b_1 s^m + b_2 s^{m-1} + \cdots + b_{m+1}}{a_1 s^n + a_2 s^{n-1} + \cdots + a_{n+1}}$$

在 MATLAB 中，直接用分子 / 分母的系数表示，即

```
num=[b₁,b₂,…,b₁ₙ₊₁];
den=[a₁,a₂,…,aₙ₊₁];
sys=tf(num,den)
```

【例 3-1】传递函数模型示例。

```
num=[1 1];den=[1 5 9]
sys=tf(num,den)
```

执行后，其结果为：

```
Transfer function:
```

$$\frac{S+1}{S^2+5S+9}$$

2. 零极点增益模型

$$G(s) = k \frac{(s-z_1)(s-z_2)\cdots(s-z_m)}{(s-p_1)(s-p_2)\cdots(s-p_n)}$$

在 MATLAB 中，用 [z,p,k] 矢量表示，即

```
z=[b₁,b₂,…,bₘ];
p=[b₁,b₂,…,bₘ];
k=[k];
```

3. 状态空间模型

$$\begin{cases} \dot{x} = Ax + Bu \\ y = Cx + Du \end{cases}$$

在 MATLAB 中，系统可用 (A,B,C,D) 矩阵组表示，即

```
sys=ss(A,B,C,D)
```

4. 传递函数的部分分式展开

当传递函数 $G(s) = \dfrac{Y(s)}{X(s)} = \dfrac{b_0 s^m + b_1 s^{m-1} + \cdots + b_{m-1} s + b_m}{a_0 s^n + a_1 s^{n-1} + \cdots + a_{n-1} s + a_n}$ 时，在 MATLAB 中直接用分子 / 分母的系数表示时有

```
num=[b₀,b₁,…,bₘ];
den=[a₀,a₁,…,aₙ];
```

则命令

```
[r,p,k]=residue(num,den)
```

将求出两个多项式 $Y(s)$ 和 $X(s)$ 之比的部分分式展开的留数、极点和直接项。$Y(s)/X(s)$ 的部分分式展开由下式给出：

$$\frac{Y(s)}{X(s)} = \frac{r(1)}{s-p1} + \frac{r(2)}{s-p2} + \cdots + \frac{r(n)}{s-pn} + k(s)$$

而命令

```
[num,den]=residue(r,p,k)
```

则可用来求其传递函数。

5. 复杂传递函数求取

在 MATLAB 中可用 conv() 函数实现。conv() 函数为标准的 MATLAB 函数，用来求取两个向量的卷积，也可以用来求取多项式乘法。conv() 函数允许任意的多层嵌套，从而表示复杂的计算。

6. 模型之间的转换

同一个系统可用三种不同的模型表示，为分析系统的特性，有必要在三种模型之间进行转换。在 MATLAB 的信号处理和控制系统工具箱中，都提供了模型变换的函数：ss2tf、ss2zp、tf2ss、tf2zp、zp2ss、zp2tf，它们的作用可用图 3-1 来表示。

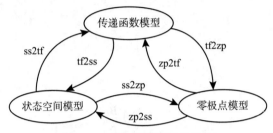

图 3-1　三种模型之间的转换

ss2tf 命令：将状态空间模型转换成传递函数模型，格式为

```
[num,den]=ss2tf(A,B,C,D,iu)
```

式中，iu 为输入信号的序号。转换公式为

$$G(s) = \frac{\mathrm{num}(s)}{\mathrm{den}(s)} = \boldsymbol{C}(s\boldsymbol{I} - \boldsymbol{A})^{-1}\boldsymbol{B} + \boldsymbol{D}$$

ss2zp 命令：将状态空间模型转换成零极点增益模型，格式为

```
[z,p,k]=ss2zp(A,B,C,D,iu)
```

式中，iu 为输入信号的序号。

tf2ss 命令：将传递函数模型转换成状态空间模型，格式为

```
[A,B,C,D]=tf2ss(num,den)
```

tf2zp 命令：将传递函数模型转换成零极点增益模型，格式为

```
[z,p,k]=tf2zp(num,den)
```

zp2ss 命令：将零极点模型转换成状态空间模型，格式为

```
[A,B,C,D]=zp2ss(z,p,k)
```

zp2tf 命令：将零极点模型转换成传递函数模型，格式为

```
[num,den]=zp2tf(z,p,k)
```

7. 获取模型数据

针对传递函数、零极点增益和状态空间三种模型，可以分别用 tfdata、zpkdata 和 ssdata 命令来获取数据，格式分别为

```
[num,den]=tfdata(sys)
```

```
[z,p,k]=zpkdata(sys)
[a,b,c,d]=ssdata(sys)
```

8. 系统建模

对简单系统的建模可直接采用三种基本模型：传递函数、零极点增益、状态空间模型。但实际中经常遇到几个简单系统组合成一个复杂系统。常见连接形式有：并联、串联及闭环等，下面进行简单介绍。

1）并联：将两个系统按并联方式连接，在 MATLAB 中可用 parallel 函数实现。命令格式为

```
[nump,denp]=parallel(num1,den1,num2,den2)
```

其对应的结果为

$$G(s)=G_1(s)+G_2(s)$$

2）串联：将两个系统按串联方式连接，在 MATLAB 中可用 series 函数实现，其命令格式为

```
[nums,dens]=series(num1,den1,num2,den2)
```

其对应的结果为

$$G(s) = G_1(s) + G_2(s)$$

3）闭环：将系统通过正负反馈连接成闭环系统，在 MATLAB 中可用 feedback 函数实现，其命令格式为

```
[numf,denf]=feedback(num1,den1,num2,den2,sign)
```

其中，sign 为可选参数，sign=−1 为负反馈，而 sign=1 对应为正反馈。缺省值为负反馈。其对应的结果为

$$G(s) = \frac{G_1(s)}{1+G_1(s)G_2(s)}$$

4）单位反馈：将两个系统按反馈方式连接成闭环系统（对应于单位反馈系统），在 MATLAB 中可用 cloop 函数实现。命令格式为

```
[numc,denc]=cloop(num,den,sign)
```

其中，sign 为可选参数，sign=−1 为负反馈，而 sign=1 对应为正反馈。缺省值为负反馈。其对应的结果为

$$G(s) = \frac{G(s)}{1+G(s)}$$

线性系统模型相关命令和函数如表 3-1 所示。

表 3-1　线性系统模型相关命令和函数

名称	命令形式	说明
tf	sys =tf(num, den)	创建或转换为传递函数模型
zpk	sys = zpk(z, p, k)	创建或转换为零极点增益模型
ss	sys = ss (a, b, c, d)	创建或转换为状态空间模型
tfdata	[num,den] = tfdata(sys)	获取状态传递函数数据
zpkdata	[z,p,k] = zpkdata(sys)	获取零极点增益数据
ssdata	[a,b,c,d] = ssdata(sys)	获取状态空间模型数据
parallel	sys = parallel (sys1, sys2)	模型并联
series	sys = series (sys1, sys2)	模型串联
feedback	sys = feedback (sys1, sys2)	模型反馈连接

3.2　线性系统性能分析

3.2.1　时域分析

控制系统最常用的时域分析方法是，当输入信号为单位阶跃和单位脉冲函数时，求出系统的输出响应，分别称为单位阶跃响应和单位脉冲响应。在 MATLAB 中，提供了求取连续系统的单位阶跃响应函数 step，单位脉冲响应函数 impulse，任意输入下的仿真函数 lsim 及零输入响应函数 initial。时域分析相关命令和函数见表 3-2。

表 3-2　时域分析相关命令和函数

名称	命令形式	说明
step	[y,x]=step(num,den,t)	阶跃响应
impulse	[y,x]=impulse(num,den,t)	脉冲响应
lsim	[y,x]=lsim(num,den,u,t)	任意输入的连续系统响应
initial	[y,x,t]=initial(a,b,c,d,x0)	零输入响应
dcgain	k=dcgain(sys)	阶跃响应稳态值
damp	[wn,xi]=damp(sys)	每个极点对应的阻尼比和自然振荡频率

1. step 命令

功能：求阶跃响应。

格式：`[y,x]=step(num,den,t)`

2. impulse 命令

功能：求脉冲响应。

格式：`[y,x]=impulse(num,den,t)`

3. lsim 命令

功能：对任意输入的连续系统进行仿真。

格式：[y,x]=lsim(num,den,u,t)

其中输入信号为矢量 *u*。输入信号 *u* 的行数决定了计算的输出点数。对于单输入系统，*u* 是一个列矢量。对于多输入系统，*u* 的列数等于输入变量数。例如：计算斜坡响应，*t* 为输入矢量。可以输入如下命令：

```
ramp=t;y=lsim(num,den,rmp,t)
```

4. initial 命令

功能：求连续系统的零输入响应。

格式：[y,x,t]=initial(a,b,c,d,x0)

功能：[y,x,t]=initial(a,b,c,d,x0,t)

initial 函数可计算出连续时间线性系统由于初始状态所引起的响应（故而称零输入响应）。当不带输出变量引用函数时，initial 函数在当前图形窗口中直接绘制出系统的零输入响应。

3.2.2 根轨迹法

根轨迹法是分析和设计线性定常控制系统的图解方法，使用十分简便。特别适用于多回路系统的研究，应用根轨迹比其他方法更为方便。

通常来说，要绘制出系统的根轨迹是很烦琐的事，因此在教科书中经常以简单系统的图示解法得到。但在现代计算机技术和软件平台的支持下，绘制系统的根轨迹已变得轻松自如。在 MATLAB 中，专门提供了绘制根轨迹有关的函数：pzmap、rlocus、rlocfind 等。

1. pzmap 命令

功能：绘制线性连续系统的零极点图。

格式：[p,z]=pzmap(num,den)

用"x"号表示极点，用"o"号表示零点。

2. rlocus 命令

功能：绘制根轨迹。

格式：[r,k]=rlocus(num,den)

[r,k]=rlocus(num,den,k)

3. rlocfind 命令

功能：找出给定的一组根对应的根轨迹增益。

格式：[k,poles]=rlocfind(num,den)

[k,poles]=rlocfind(num,den,p)

k 为选点处的根轨迹增益，poles 为此点处的闭环特征根。

4. sgrid 命令

功能：在连续系统根轨迹图和零极点图中绘制出阻尼系数和自然频率栅格。

格式：sgrid 或 sgrid('new') 或 sgrid(Z,Wn)。

根轨迹相关命令和函数见表 3-3。

表 3-3   根轨迹相关命令和函数

名称	命令形式	说明
pzmap	[p,z]=pzmap(num,den)	画零极点
rlocus	[r,k]=rlocus(num,den)	根轨迹
rlocfind	[k,poles]=rlocfind(num,den)	找出给定的一组根对应的根轨迹增益
sgrid	sgrid(Z,Wn)	在根轨迹图和零极点图中画阻尼系数和自然频率栅格

3.2.3   频域分析

频域分析法是应用频率特性研究控制系统的一种经典方法。采用这种方法可直观地表达出系统的频率特性，分析方法比较简单，物理概念比较明确，对于诸如防止结构谐振、抑制噪声、改善系统稳定性和暂态性能等问题，都可以从系统的频率特性上明确地看出其物理实质和解决途径。

频域分析法主要包括三种方法：伯德图（幅频 / 相频特性曲线）、奈奎斯特曲线、尼科尔斯图。

1. bode 命令

功能：绘制伯德图。

格式：[mag,phase,w]=bode(num,den)

   [mag,phase,w]=bode(num,den,w)

2. nyquist 命令

功能：绘制奈奎斯特图。

格式：[re,im,w]=nyquist(num,den)

   [re,im,w]=nyquist(num,den,w)

3. nichols 命令

功能：绘制尼科尔斯图。

格式：[M,P]=nichols(num,den)

4. margin 命令

功能：求幅值和相角裕量及幅值和相位交界频率。

格式：[GM,PM,wcg,wcp]=margin(M,P)

频域分析相关命令和函数见表 3-4。

表 3-4　频域分析相关命令和函数

名称	命令形式	说明
bode	[mag,phase,w]=bode(num,den)	伯德图
nyquist	[re,im,w]=nyquist(num,den)	奈奎斯特图
nichols	[M,P]=nichols(num,den)	尼科尔斯图
margin	[GM,PM,wcg,wcp]=margin(M,P)	幅值和相角裕量及幅值和相位交界频率

3.2.4　离散系统分析

离散系统也称采样控制系统，该系统有一个或多个变量仅在离散的瞬时发生变化。

1. dstep

功能：求离散系统的单位阶跃响应。

格式：[c,t]=dstep(n,d)

　　　[c,t]=dstep(n,d,m)

说明：dstep 函数可绘制出离散系统以多项式函数 g(z)=n(z)/d(z) 表示的系统的阶跃响应曲线。dstep(n,d,m) 函数可绘制出用户指定的采样点数为 m 的系统的阶跃响应曲线。当带有输出变量引用函数时，可得到系统阶跃响应的输出数据，而不直接绘制出曲线。

2. dimpulse

功能：求离散系统的单位脉冲响应。

格式：[c,t]=dimpulse(n,d)

　　　[c,t]=dimpulse(n,d,m)

说明：dimpulse 函数说明类似 dstep 函数，从略。

3. dbode

功能：求离散系统的对数频率响应（伯德图）。

格式：[mag,phase,w]=dbode(n,d,T)

　　　[mag,phase,w]=dbode(n,d,T,w)

说明：dbode 函数用于计算离散系统的对数幅频特性和相频特性（即伯德图），输入变量 n 和 d 解释如上，而 T 为采样周期，w 为频率，当不带输入 w 频率参数时，系统会自动给出。对输出变量带与不带解释同上，从略。本函数的幅值和相位根据如下公式计算：

$$\mathrm{mag}(w) = \left| g\left(\mathrm{e}^{jwT}\right) \right|$$
$$\mathrm{phase}(w) = \angle g\left(\mathrm{e}^{jwT}\right)$$

4. dnyquist

功能：求离散系统的奈奎斯特频率曲线图（即奈奎斯特图）。

格式：`[re,im,w]=dnyquist(n,d,T)`

`[re,im,w]=dnyquist(n,d,T,w)`

说明：输入变量说明同上，输出变量 re、im 为绘制奈奎斯特图的实部和虚部。

5. c2d

功能：连续系统传递函数变成离散系统传递函数。

格式：`sysd=c2d(sys,ts,'method')`

其中 `method` 包括以下几种方法：zoh（零阶保持器），foh（一阶保持器），tustin（双线性逼近），matched（零极点匹配法）。method 缺省值为 zoh。

6. d2c

功能：离散系统传递函数转连续系统传递函数。

格式：`sysc=d2c(sysd)`

7. ztrans

功能：z 变换。

格式：`ztrans(f)`

8. iztrans

功能：z 反变换。

格式：`iztrans(F)`

离散系统相关命令和函数见表 3-5。

表 3-5　离散系统相关命令和函数

名称	命令形式	说明
dstep	`[c,t]=dstep(n,d)`	离散系统单位阶跃响应
dimpulse	`[c,t]=dimpulse(n,d)`	离散系统单位脉冲响应
dbode	`[mag,phase,w]=dbode(n,d,T)`	离散系统伯德图
dnyquist	`[re,im,w]=dnyquist(n,d,T)`	离散系统奈奎斯特图
c2d	`sysd=c2d(sysc,Ts)`	连续系统转离散系统
d2c	`sysc=d2c(sysd)`	离散系统转连续系统
ztrans	`ztrans(f)`	z 变换
iztrans(F)	`iztrans(F)`	z 反变换

【例 3-2】已知开环离散控制系统结构如图 3-2 所示，求脉冲传递函数，采样周期 $T=1\mathrm{s}$。

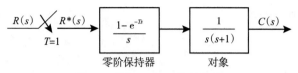

图 3-2　例 3-2 的系统结构图

```
>>num=[1];den=[1,1,0];T=1;
[numZ,denZ]=c2dm(num,den,T,'Zoh');
printsys(numZ,denZ,'Z')
```

执行后，其结果为：

```
num/den=
      0.36788 Z+0.26424
   -----------------------
   Z^2-1.3679 Z+0.36788
```

3.2.5　状态空间

状态：反映系统时域中的行为或运动信息的集合。

状态变量：能完全反映系统状态的一组独立（数目最少）变量。

状态向量：以状态变量为元素构成的向量。

状态空间：以状态变量为坐标所构成的多维空间。

状态方程：描述系统状态变量与输入变量之间关系的一阶微分（或差分）方程组。

输出方程：描述输出变量与状态变量、输入变量之间的代数方程。

状态方程与输出方程合称为状态空间描述或状态空间表达式。线性定常系统状态空间表达式一般用矩阵形式表示为：

$$\begin{cases} \dot{x} = Ax + Bu \\ y = Cx + Du \end{cases}$$

1. minreal

功能：最小实现或极零点消除。

格式：`sysr=minreal(sys)`

说明：该函数消除了状态空间模型中不可控或不可观测的状态，或消除了传递函数或零极点增益模型中的极 – 零点对。

2. rank

功能：矩阵的秩。

格式：`k=rank(A)`

3. ctrb

功能：可控性矩阵。

格式：Co=ctrb(sys)

4. obsv

功能：可观性矩阵。

格式：Co=obsv(sys)

5. ctrbf

功能：可控性分解。

格式：[Abar,Bbar,Cbar,T,k]=ctrbf(A,B,C)

6. obsvf

功能：可观性分解。

格式：[Abar,Bbar,Cbar,T,k]=obsvf(A,B,C)

7. acker

功能：用 Ackermann 方法进行极点配置。

格式：K=acker(A,B,P)

8. place

功能：闭环极点配置。

格式：K=place(A,B,p)

9. lyap

功能：李雅普诺夫方程求解。

格式：X=lyap(A,Q)

10. dlyap

功能：离散李雅普诺夫方程求解。

格式：X=dlyap(A,Q)

11. canon

功能：若尔当标准型状态方程求解。

格式：csys=canon(sys,type)

12. lqr

功能：线性二次调节器设计。

格式：[K,S,e]=lqr(SYS,Q,R,N)

13. dlqr

功能：离散线性二次调节器设计。

格式：`[K,S,e]=dlqr(SYS,Q,R,N)`

状态方程相关命令和函数见表 3-6。

表 3-6 状态方程相关命令和函数

名称	命令形式	说明
minreal	`sysr=minreal(sys)`	最小实现或极零点消除
rank	`k=rank(A)`	矩阵的秩
ctrb	`Co=ctrb(sys)`	可控性矩阵
obsv	`Co=obsv(sys)`	可观性矩阵
ctrbf	`[Abar,Bbar,Cbar,T,k]=ctrbf(A,B,C)`	可控性分解
obsvf	`[Abar,Bbar,Cbar,T,k]=obsvf(A,B,C)`	可观性分解
acker	`K=acker(A,B,P)`	用 Ackermann 方法进行极点配置
place	`K=place(A,B,p)`	闭环极点配置
lyap	`X=lyap(A,Q)`	李雅普诺夫方程求解
dlyap	`X=dlyap(A,Q)`	离散李雅普诺夫方程求解
canon	`csys=canon(sys,type)`	若尔当标准型状态方程求解
lqr	`[K,S,e]=lqr(SYS,Q,R,N)`	线性二次调节器设计
dlqr	`[K,S,e]=dlqr(SYS,Q,R,N)`	离散线性二次调节器设计

【例 3-3】 已知系统
$$\begin{cases} \dot{x} = \begin{bmatrix} -1 & -0.5 & -2.5 \\ 2 & 0 & 0 \\ 0 & 2 & 0 \end{bmatrix} x + \begin{bmatrix} 2 \\ 0 \\ 0 \end{bmatrix} u \\ y = \begin{bmatrix} 1.5 & 1.5 & 0.125 \end{bmatrix} x \end{cases}$$
(3-1)

求解下述问题：1）用 MATLAB 求数学模型；2）判断系统可控性和可观性；3）求系统的传递函数和零极点，并判断系统稳定性；4）求系统的单位阶跃响应；5）利用李雅普诺夫方法判断系统稳定性。

MATLAB 代码如下。

1）用 MATLAB 求数学模型。

```
clear all;
a=[-1 -0.5 -2.5; 2 0 0; 0 2 0]; b=[2; 0; 0]; c=[1.5 1.5 0.125]; d=0;
sys=ss(a,b,c,d);
```

2）判断系统可控性和可观性。

```
controllability=ctrb(a,b); % 可控性
rank_con=rank(controllability);
if rank_con==3
disp('可控！');
else
disp('不可控！');
end
observability=obsv(a,c); % 可观性
```

```
rank_obs=rank(observability);
if rank_obs==3
disp('可观!');
else
disp('不可观!');
end
```

执行后，其结果为：

可控!
可观!

3）求系统的传递函数和零极点，并判断系统稳定性。

```
G1=tf(sys);
[z p k]=zpkdata(G1,'v')
```

执行后，其结果为：

```
z=
   -1.8165
   -0.1835
p=
   -2.3650+0.0000i
    0.6825+1.9397i
    0.6825-1.9397i
k=
```
　　　　所以系统不稳定。

4）求系统的单位阶跃响应。

```
step(sys)
```

执行后，其结果如图3-3所示。

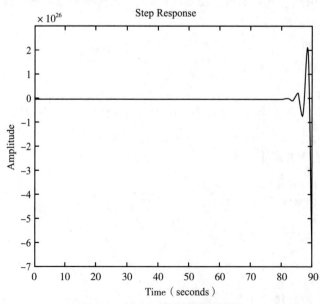

图3-3　例3-3单位阶跃响应图

5）利用李雅普诺夫方法判断系统稳定性。

```
p=lyap(a', eye(3))
p=
    -0.3667    -0.4333     0.2000
    -0.4333    -0.5083    -0.3583
     0.2000    -0.3583    -0.4917
```

可见 p 是非正定的，系统不稳定。

3.3 非线性控制系统仿真

含有非线性环节的系统称为非线性系统，典型的非线性特性包含死区特性、饱和特性、继电器特性和间隙特性。非线性系统分析有三种基本分析方法：小范围线性化法、相平面法和描述函数法。

3.3.1 典型非线性特性

1. 死区非线性

图 3-4 是一种常见的死区非线性特性，其数学表达式为

$$y = \begin{cases} 0, & |x| < \Delta \\ k(x - \Delta \operatorname{sgn} x), & |x| > \Delta \end{cases} \tag{3-2}$$

式中，k 为图中线性段的斜率，Δ 为死区的范围。

2. 饱和非线性

图 3-5 是一种常见的饱和非线性特性，其数学表达式为

$$y = \begin{cases} kx, & |x| < x_0 \\ M \operatorname{sgn} x, & |x| > x_0 \end{cases} \tag{3-3}$$

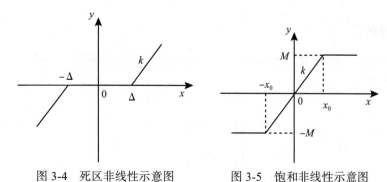

图 3-4 死区非线性示意图   图 3-5 饱和非线性示意图

3. 继电器非线性

图 3-6 是一种常见的饱和非线性特性，其数学表达式为

$$y = \begin{cases} 0, & -ma < x < a, \ \dot{x} > 0 \\ 0, & -a < x < ma, \ \dot{x} < 0 \\ b \operatorname{sgn} x, & |x| \geqslant a \\ b, & x \geqslant ma, \ \dot{x} < 0 \\ -b, & x \leqslant -ma, \ \dot{x} > 0 \end{cases} \tag{3-4}$$

图 3-6a 为理想的继电器特性。由于实际的继电器存在吸合电压和释放电压的不等，因此可能存在死区、回环和饱和的特性。图 3-6b 为具有死区的继电器特性。图 3-6c 为具有回环的继电器特性。综上所述，实际的继电器特性是既有死区，又有回环，如图 3-6d 所示。

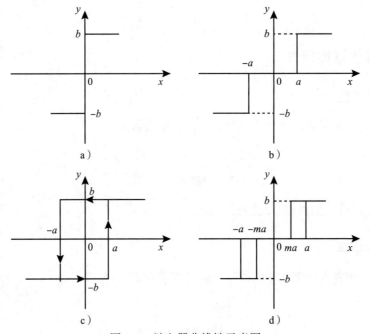

图 3-6 继电器非线性示意图

4. 间隙非线性

图 3-7 是一种常见的间隙非线性特性，又称回路特性或回环特性，其数学表达式为

$$y = \begin{cases} k\left(x - b/2\right), & \dot{y} > 0 \\ k\left(x + b/2\right), & \dot{y} < 0 \\ M \operatorname{sgn} y, & \dot{y} = 0 \end{cases} \tag{3-5}$$

Simulink 中的非线性模块见表 3-7。

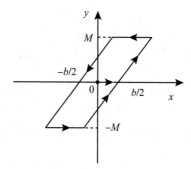

图 3-7 间隙非线性示意图

表 3-7 Simulink 中的非线性模块

名称	图标	说明
饱和模块 Saturation	Saturation	饱和非线性
死区模块 Dead Zone	Dead Zone	死区非线性
继电器模块 Relay	Relay	继电器非线性
间隙模块 Backlash	Backlash	磁滞回环非线性

【例 3-4】含饱和非线性环节的系统框图如图 3-8 所示，初始状态为 0，$k=1$，$c=0.5$，试求：1）含饱和非线性环节前后系统的 Simulink 结构图；2）绘制单位阶跃响应曲线。

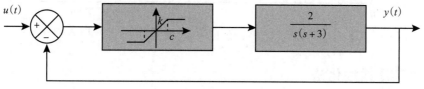

图 3-8 例 3-4 系统框图

解： 1）含饱和非线性环节前后系统的 Simulink 结构图分别如图 3-9 和图 3-10 所示。

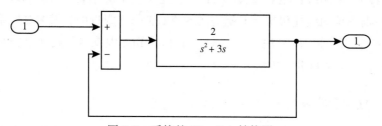

图 3-9 系统的 Simulink 结构图

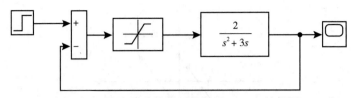

图 3-10　含饱和非线性系统的 Simulink 结构图

2）将含饱和非线性环节前后系统叠加后的 Simulink 结构图如图 3-11 所示，其单位阶跃响应曲线如图 3-12 所示。

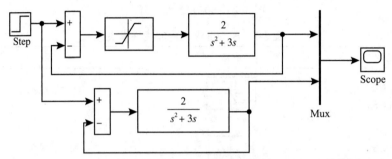

图 3-11　含饱和非线性环节前后系统叠加后的 Simulink 结构图

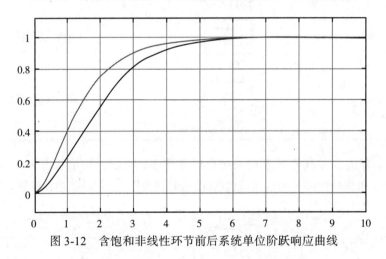

图 3-12　含饱和非线性环节前后系统单位阶跃响应曲线

3.3.2　小范围线性化法

实际的物理系统都包含非线性因素。但是很多实际应用中可以把非线性系统化为线性数学模型来处理，采用线性化的方法，可以在一定条件下应用线性系统的理论和方法，使问题简化。所谓系统的线性化实际上就是在系统的工作点附近的领域内提取系统的线性特征，从而对系统进行分析的方法。在 MATLAB/Simulink 中有多段线性组合非线性及在工作点附近进行泰勒级数展开等方法。

1. 多段线性组合非线性

如图 3-13a 所示的单值非线性函数，可以通过双击图 3-13b 所示的查表模块来进行构建，会出现如图 3-14 所示的对话框，在 x 轴转折点 Vector of input values 条目和 y 轴转折点 Vector of output values 条目下分别输入向量，就能够构造单值非线性模块了。

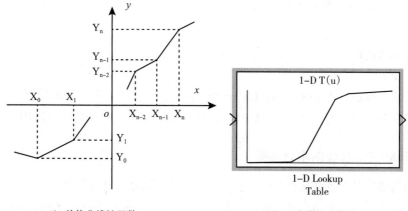

a）单值非线性函数　　　　　b）查表模块图标

图 3-13　单值非线性模块设置

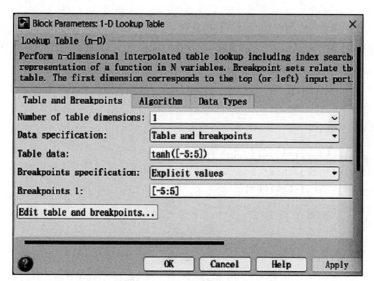

图 3-14　查表模块参数设置对话框

2. taylor

功能：在工作点进行泰勒级数展开。

格式：`taylor(f)`

【例 3-5】非线性系统的运动方程：$f(x)=\left(2+kx^2\right)\mathrm{e}^x+x^2$，在 $x=0$ 的泰勒展开式为：

```
x=sym('x'),k=sym('k')
taylor((2+k*x^2)*exp(x)+x^2)
```

执行后，其结果为：

```
(k/6+1/60)*x^5+(k/2+1/12)*x^4+(k+1/3)*x^3+(k+2)*x^2+2*x+2
```

3. linmod()

功能：在工作点附近提取连续时间线性状态空间模型。

格式：`linmod('模型文件名')`

3.3.3　相平面法

相平面法是庞加莱于 1885 年首先提出的，相平面法实质上是一种求解二阶以下线性或非线性微分方程的图解方法。使用 MATLAB 和 Simulink 都可以绘制相轨迹图。

1. 使用 MATLAB 绘制相轨迹图

绘制相轨迹图其实就是求解微分方程，有多种实现方法，如欧拉法、龙格 - 库塔法和亚当斯法等，MATLAB 中有 ode45 函数，其格式为：`[t,y]=ode45(odefun,tspan, y0)`。

【例 3-6】已知非线性方程 $\ddot{x}+(x^2-1)\dot{x}+x=0$，$\dot{x}(0)=2$，$x(0)=3$，试用 MATLAB 绘制相轨迹图。

解：取 $x_2=x$，$x_1=\dot{x}$，则系统状态方程为：

$$\begin{cases} \dot{x}_2=\dfrac{\mathrm{d}x}{\mathrm{d}t}=x_1 \\ \dot{x}_1=\ddot{x}=x_1\left(1-x_2^2\right)-x_2 \end{cases}, \ 而 \begin{cases} x_2(0)=2 \\ x_1(0)=3 \end{cases}$$

MATLAB 程序如下：

```
f=@(t,x)[x(1)*(1-x(2)^2)-x(2);x(1)];
options=odeset('OutputFcn','odephas2');
ode45(f,[-6,6],[3;2],options)
```

执行后，其结果如图 3-15 所示。

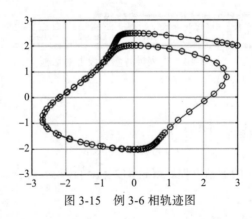

图 3-15　例 3-6 相轨迹图

2. 使用 Simulink 绘制相轨迹图

Simulink 可以很容易地实现典型非线性环节的设置，对非线性系统的设计和分析有极大帮助，下面举例说明如何在 Simulink 中进行相轨迹图的绘制并求得阶跃响应图。

【**例 3-7**】非线性控制系统如图 3-16 所示，输入为零初始条件，初始状态为 0，非线性

环节为理想饱和非线性，$y = \begin{cases} -0.3, & x < -0.3 \\ x, & |x| \leq 0.3 \\ 0.3, & x > 0.3 \end{cases}$，试求：1）相轨迹；2）系统的阶跃响应。

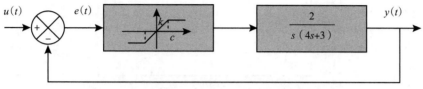

图 3-16   例 3-7 系统框图

解：1）取状态变量 $e(t)$ 和 $\dot{e}(t)$，在 Simulink 中进行仿真。

首先建立如图 3-17 所示的仿真模型。

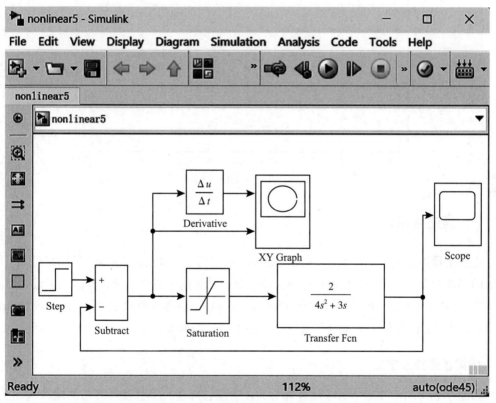

图 3-17   例 3-7 的 Simulink 系统框图

其中 XY Graph 为双踪示波器，将 e 和 $\dot{e}$ 信号输入便可画出相轨迹，如图 3-18 所示。

2）输出的阶跃响应，系统的阶跃响应图如图 3-19 所示。

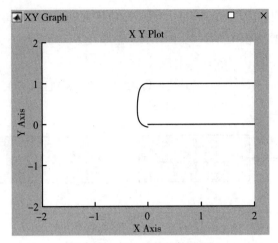

图 3-18 例 3-7 的相轨迹图

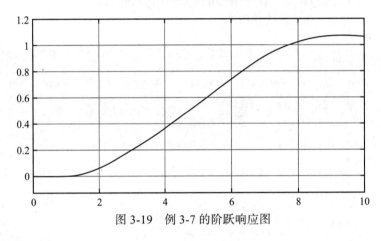

图 3-19 例 3-7 的阶跃响应图

3.3.4 描述函数法

描述函数法是达尼尔于 1940 年提出的，表示非线性环节在正弦输入信号的作用下，其输出的基波分量与输入的正弦信号间的关系。该方法可用于高阶系统，但有一定近似性。

求解描述函数法一般先根据已知的输入 $x(t) = A\sin\omega t$ 和非线性特性 $y(t) = f(x)$ 求出输出 $y(t)$，然后通过积分求出 $A_1(X)$、$B_1(X)$、$Y_1(X)$、$\varnothing_1(X)$ 和 $N(X)$。

1. 描述函数法定义

如图 3-20 所示，其中 N 为非线性环节，G 为线性环节，设非线性环节的输入输出关系为：$y = f(x)$；非线性环节的输入为正弦信号：$x(t) = A\sin\omega t$。

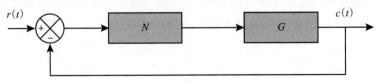

图 3-20 非线性系统示意框图

非线性环节的输出

$$y(t) = A_0 + \sum_{n=1}^{\infty} \left(A_n \cos n\omega t + B_n \sin \omega t \right) = A_0 + \sum_{n=1}^{\infty} Y_n \sin \left(n\omega t + \varphi_n \right)$$

式中，A_0 是直流分量；Y_n 和 φ_n 是第 n 次谐波的幅值和相角，且

$$A_n = \frac{1}{\pi} \int_0^{2\pi} y(t) \cos n\omega t d \left(\omega t \right), n = 0, 1, \cdots$$

$$B_n = \frac{1}{\pi} \int_0^{2\pi} y(t) \sin n\omega t d \left(\omega t \right), n = 0, 1, \cdots$$

$$Y_n = \sqrt{A_n^2 + B_n^2}$$

$$\varphi_n = \arctan \frac{A_n}{B_n}$$

当 $A_0 = 0$ 且 $n>1$ 时，Y_n 很小，则非线性环节的输出约为

$$y(t) = Y_1 \sin \left(\omega t + \varphi_1 \right)$$

其近似结果与线性环节频率响应相似，对应线性环节频率特性定义，非线性环节的输入输出特性可由描述函数表示为

$$N(A) = \left| N(A) \right| \mathrm{e}^{j\angle N(A)} = \frac{B_1 + jA_1}{A} = \frac{Y_1}{A} \mathrm{e}^{j\varphi_1}$$

对非线性系统常用的负倒描述函数为

$$-\frac{1}{N(A)} = -\frac{1}{\left| N(A) \right|} \mathrm{e}^{-j\angle N(A)}$$

2. 描述函数法判定非线性系统稳定性

描述函数法判定非线性系统稳定性类似于乃奎斯特判定线性系统稳定性，基本思想是把非线性特性用描述函数来表示，将复平面上的整个非线性曲线 $-\dfrac{1}{N(A)}$ 理解为线性系统分析中的临界点 $(-1, j0)$，再将线性系统有关稳定性分析的结论用于非线性系统，如果 $-\dfrac{1}{N(A)}$ 不被 $G(j\omega)$ 包围，则系统是稳定的系统；反之，若 $-\dfrac{1}{N(A)}$ 被 $G(j\omega)$ 包围，则系统是不稳定的系统，如图 3-21 所示。

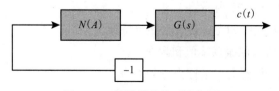

图 3-21　等效非线性系统框图

$G(j\omega)$ 包围的区域称为不稳定区域，不包围的区域称为稳定区域。如果 $-\dfrac{1}{N(A)}$ 与 $G(j\omega)$ 相交，则在交点处，若 $-\dfrac{1}{N(A)}$ 沿着 A 值增加的方向由不稳定区域进入稳定区域，则自持振荡是稳定的；否则，自持振荡是不稳定的。在交点处，$-\dfrac{1}{N(A_0)}=G(j\omega_0)$，由此可求出自持振荡的振幅 A_0 和振荡频率 ω_0。

3. 描述函数法分析案例

【例 3-8】非线性系统如图 3-22 所示，当 $c=1$，$h=2$ 时求：1）请分析系统是否存在自自持振荡；2）如果有，请求出自持振荡的频率和幅值；3）系统单位阶跃响应。

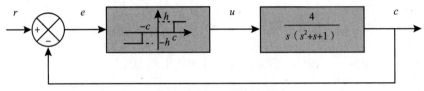

图 3-22　例 3-8 系统框图

解：1）绘制线性及非线性部分频率特性，并判断系统稳定性。

图 3-22 中的非线性环节为带死区继电器非线性，其描述函数为：

$$N(X)=\frac{4h}{\pi X}\sqrt{1-\left(\frac{c}{X}\right)^2}$$

当 $c=1$，$h=2$ 时，

$$N(X)=\frac{8}{\pi X}\sqrt{1-\left(\frac{1}{X}\right)^2}$$

MATLAB 程序如下：

```
X=1:0.1:30;
dN=8./pi./X.*(sqrt(1-(1./X).^2));  % 非线性部分
bacN=-1./dN;
w=1:0.01:200;
num=4;den=conv([1,0],[1 1 1]);
[rem,img,w]=nyquist(num,den,w);        % 线性部分
plot(real(bacN),imag(bacN),rem,img)    % 同时画非线性及线性部分
grid;
xlabel('Real');ylabel('Imag');
```

执行后，其结果如图 3-23 所示。

由图 3-23 可知，两曲线相交，系统存在自持振荡。

2）利用交点坐标值求取振荡幅值和频率。

由局部放大图 3-24 得到交点坐标为 $(-4.0,0)$。

MATLAB 程序如下：

```
W0=spline(img,w,0)                    % 求 img=0 时的 w 值
X0=spline(real(dN),x,-4.0)            % 求 dN=-4.0 时的 x 值
```

执行后，其结果为：

```
W0=
    1.0000
X0=
   -9.7676e+06
```

可知系统有 $-9.7676e^6 \sin(t)$ 的自持振荡。

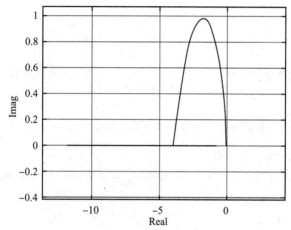

图 3-23　程序执行结果图

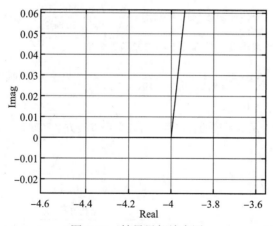

图 3-24　结果局部放大图

3）建立 Simulink 模型，如图 3-25 所示，仿真结果如图 3-26 所示。

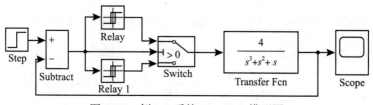

图 3-25　例 3-8 系统 Simulink 模型图

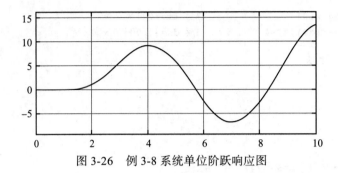

图 3-26　例 3-8 系统单位阶跃响应图

习题

1. 请用 MATLAB 求出传递函数为 $G(s)=\dfrac{s+3}{(s+2)(s^2+2s+7)}$ 系统的传递函数，并求出其等效零极点和状态空间模型。

2. 当采样时间 $T=0.1\text{s}$ 时，请用 MATLAB 求出离散传递函数为 $H(z)=\dfrac{z^2+3}{z(z^2+2z+3)}$ 系统的传递函数，并求出其等效零极点和状态空间模型。

3. 请用 MATLAB 求出如下式所示系统状态空间模型，并求出其等效零极点和传递函数模型。

$$\dot{x}=\begin{bmatrix}1&-1&-2\\0&2&-1\\0&0&3\end{bmatrix}x+\begin{bmatrix}1&-1\\-1&1\\2&-2\end{bmatrix}u,\ y=\begin{bmatrix}1&-2&3\\-2&1&0\end{bmatrix}x+\begin{bmatrix}1&-1\\0&1\end{bmatrix}u$$

4. 若典型反馈结构中的三个传递函数分别为 $G(s)=\dfrac{s^3+7s^2+24s+10}{s^4+10s^3+50s+20}$，$G_c(s)=\dfrac{8s+3}{s}$，$H(s)=\dfrac{1}{0.1s+1}$ 求系统的传递函数，并求出其等效零极点和传递函数模型。

5. 如果系统对象模型为 $G(s)=\dfrac{1}{s^5+8s^4+19.5s^3+19s^2+7.5s+1}$ 如果系统分别带有单位正反馈和负反馈，求出并解释闭环系统的零极点。

6. 判定用下列传递函数表示的系统的稳定性，可以采用直接方法和间接（如用 Routh 判据），然后比较其结果。

1）$\dfrac{1}{s^4+2s^3+6s^2+10s+18}$　　　　2）$\dfrac{1}{s^4+s^3-6s^2-s+8}$

3）$\dfrac{2s+1}{s^2(300s^2+600s+50)+3s+1}$　　4）$\dfrac{0.2(s+2)}{s(s+0.5)(s+0.8)(s+3)+0.2(s+2)}$

7. 计算并绘制下面传递函数的阶跃响应（从 $t=0$ 至 $t=10$），$G(s)=\dfrac{10}{s^2+2s+10}$。

8. 请观察函数 step() 和 impulse() 的调用格式，假设系统的传递函数模型为 $G(s)=\dfrac{s^2+3s+7}{s^4+4s^3+6s^2+4s+1}$，如果用 step() 函数，你可以用几种方法绘制出系统的阶跃响应曲线？

9. 假设系统的开环模型为 $G(s)=\dfrac{800(s+1)}{s^2(s+10)(s^2+10s+50)}$，并假设系统由单位负反馈结构构成，若系统

的输入为正弦信号 $u(t)=3\sin(5t)$，请绘制出闭环系统的暂态响应曲线。

10. 试绘制开环传递函数为：$G(s)=\dfrac{K(2-s)}{s^2+3s}$ 的单位负反馈系统的根轨迹图，并确定使闭环系统稳定的 K 值的取值范围。

11. 试绘制开环传递函数为 $G(s)=\dfrac{50}{s(s+10)(3s+1)}$ 的单位负反馈系统的 1）伯德图和奈奎斯特图；2）判断系统的稳定性；3）计算截止频率、相位裕量和幅值裕量；4）绘制系统的单位阶跃响应。

12. 某系统状态空间方程如下，

$$\dot{x}=\begin{bmatrix}1 & 2 & 1\\ 2 & 2 & 0\\ 2 & 1 & 5\end{bmatrix}x+\begin{bmatrix}4\\ 2\\ 3\end{bmatrix}u,\ y=\begin{bmatrix}1 & 2 & 1\end{bmatrix}x+u$$

请用李雅普诺夫判据（lyap 函数）判断系统稳定性，并求出系统的零极点。

13. 已知系统 $\begin{cases}\dot{x}=\begin{bmatrix}0 & 2 & 0\\ 0 & -2 & 1\\ -1 & 0 & -1\end{bmatrix}x+\begin{bmatrix}0\\ 0\\ 1\end{bmatrix}u\\ y=\begin{bmatrix}1 & 0 & 0\end{bmatrix}x\end{cases}$

求：1）用 MATLAB 求数学模型；2）判断系统可控性和可观性；3）系统的传递函数和零极点，并判断系统稳定性；4）求系统的单位阶跃响应；5）利用李雅普诺夫方法判断系统稳定性。

14. 请将图 3-27 中的系统模型用 Simulink 程序绘制出来，如果饱和环节的线性区间为 $[-1,1]$，频率为 1，请分析系统的稳定性，并绘制系统的单位阶跃响应。

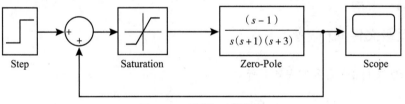

图 3-27　习题 14 示例图

第 4 章　MATLAB 文件和数据访问

MATLAB 具有强大的数据处理和数据显示功能，数据是 MATLAB 软件的主要内容之一，其数据输入和输出一般通过文件和数据接口两种方式进行，本章主要介绍文件和数据接口操作的技术和方法。

4.1　MATLAB 常用文件操作

MATLAB 中的文件分为两类，一类是文本文件，如 .txt、.htm 等文件；另一类是二进制文件，如 .com、.exe、.bmp、.gif、.jpg、.wav、.au 及 .avi 等文件。MATLAB 相关函数命令可以实现对文件的操作，这些函数又可分为低级文件 IO 函数和高级文件 IO 函数，低级 IO 函数是建立在 ANSI 标准 C 库中的 IO 函数，常见的有 fopen、fread、fwrite、fgetc 等函数命令，既可以读写字符、字符串、格式化数据，也可以读写二进制数据；高级 IO 函数依赖于操作系统，一般只能读写二进制文件，效率高、速度快，如 open、read、getc 等。

4.1.1　低级文件 IO 命令

部分低级文件 IO 命令如表 4-1 所示。

表 4-1　部分低级文件 IO 命令

名称	格式	说明
fopen	fileID = fopen(filename)	打开文件或获得有关打开文件的信息
fread	A = fread(fileID)	读取二进制文件中的数据
fwrite	fwrite(fileID,A)	将数据写入二进制文件
fclose	fclose(fileID)	关闭一个或所有打开的文件
fscanf	A = fscanf(fileID,formatSpec)	读取文本文件中的数据
fprintf	fprintf(fileID,formatSpec,A1,...,An)	将数据写入文本文件
fgets	tline = fgets(fileID)	读取文件中的行，并保留换行符
fseek	fseek(fileID, offset, origin)	移至文件中的指定位置
ftell	position = ftell(fileID)	已打开文件中的位置
feof	status = feof(fileID)	测试文件末尾
xlsread	num = xlsread(filename)	读取 Microsoft Excel 电子表格文件

【例4-1】输入从 1 到 10 数字后并写入文件，执行如下程序，求 *X*、*Y* 和 *Z* 的值是多少？
MATLAB 代码如下：

```
clear;clc;
a=1:10;
fid=fopen('fdat.bin','w');          % 打开文件进行写操作
fwrite(fid,a,'int16');              % 将数据写入二进制文件
fclose(fid);                        % 关闭 fid 表示的文件
fid=fopen('fdat.bin','r');          % 打开文件进行只读操作
status=fseek(fid,6,'bof');          % 定位文件指针
X=fread(fid,1,'int16')              % 读二进制数据并存入矩阵
Z=ftell(fid)                        % 返回文件指针当前位置
status=fseek(fid,-4,'cof');
Y=fread(fid,1,'int16')
status=fclose(fid)
```

4.1.2　高级文件 IO 命令

部分高级文件 IO 命令如表 4-2 所示。

表 4-2　部分高级文件 IO 命令

名称	格式	说明
open	A = open(name)	打开文件
read	data = read(dbds)	读取数据
edit	edit file	编辑或创建文件
mkdir	mkdir folderName	新建文件夹
load	load(filename)	将文件变量加载到工作区中
copyfile	copyfile source	复制文件或文件夹
movefile	movefile source	移动或重命名文件或文件夹
delete	delete filename	删除文件或对象
save	save(filename)	将工作区变量保存到文件中
type	type filename	显示文件内容
visdiff	visdiff('filename1', 'filename2')	比较两个文本文件或文件夹

4.2　MATLAB 与 Microsoft Office 的接口

MATLAB 与常用的 Microsoft Office 软件（如 Excel、Word 和 PowerPoint）进行有效的数据交换，可以利用彼此的强大功能。已经有很多种方法可以实现 MATLAB 与常用的 Microsoft Office 的数据交换，这里只介绍几种常用方法。

4.2.1　MATLAB 中 Excel 数据文件操作

MATLAB 软件有强大的计算能力、简便的编程实现和完善的图像处理等功能，还有丰富的工具箱函数，而 Excel 独特的图表能力颇具优势，将两者结合起来使用将更加方便。MATLAB 与 Excel 的数据操作常用的方法有如下几种：一种是通过专用的 Excel 函数，如 xlsread 和 xlswrite 等，实现对 Excel 文件的读写等操作；另一种是通过 MATLAB 提供的 Excel 生成器生成 DLL 组件和 VBA 代码，实现 Excel 对 MATLAB 的调用；还有一种是通过 MATLAB 提供的 Spreadsheet Link（早期版本称为 Excel link）插件，直接在 Excel 环境下运行 MATLAB 命令，与 MATLAB 进行数据传输。

1. 使用 MATLAB 专用函数读写 Excel 数据文件

主要有如下几个常用函数：

（1）xlsread 命令

功能：读取 Microsoft Excel 电子表格文件。

格式：`num=xlsread(filename)`

（2）importdata 命令

功能：从文件加载数据。

格式：`A=importdata(filename)`

说明：importdata 函数可以读取多个文件。

（3）xlswrite 命令

功能：写入 Microsoft Excel 电子表格文件。

格式：`xlswrite(filename,A)`

（4）xlsfinfo 命令

功能：确定文件是否包含 Microsoft Excel 电子表格。

格式：`status=xlsfinfo(filename)`

2. 使用 COM 组件创建 Excel 文件

除了 MATLAB 自带的函数之外，还可以使用 COM 接口的方式读取 Excel 文件。该方法需要先创建一个 Excel 应用程序的 COM 对象，然后通过该对象来打开要读取的 Excel 文件，并获取其中的数据。COM（Component Object Model）组件是微软提供的一组二进制软件复用标准，利用 COM 组件可以方便地将不同语言编写的软件模块集成到同一个应用中。

（1）COM 对象和接口

COM 对象是一组符合 COM 规范的软件模块。COM 规范要求 COM 对象对软件功能封装，因此用户不能直接访问 COM 对象的数据和方法，而是通过 COM 对象提供的 COM 接口进行访问。COM 接口由属性、方法和事件组成。COM 对象的功能由一个或多个 COM 接口来体现。一般来说，软件供应商会提供其应用程序的 COM 对象的接口及接口的属性、方法和事件的信息。在众多接口中有两个基本的 COM 接口：一个是 IUnknown，这是所有的 COM 对象都提供的一个接口，并且所有其他 COM 接口都是由该接口派生的；另一个是 IDispatch，这是为支持自动化服务的应用程序提供方法和属性的接口。

COM 技术包括客户端和服务器端的工作模式。调用 COM 对象的程序是客户端，而提供软件功能的 COM 对象属于服务器端。其中，进程内服务器端（In-Progress Server），在 MATLAB 客户端进程内，COM 组件作为 DLL 或 Active 控件被调用。此时，客户端和服务器使用相同的地址空间，因此客户端和服务器端的通信效率比较高。而进程外服务器端（Out-of-Progress Server），又可分为本地进程外服务器端（Local Out-of-Progress Server）和远程进程外服务器端（Remote Out-of-Progress Server）。其中本地进程外服务器在与 MATLAB 客户端相互独立的另外一个进程内调用以 exe 文件或外部应用程序的方式调用 COM 组件时，客户端与服务器所在的计算机相同，而地址空间不同。远程进程外服务器端所在的计算机与 MATLAB 客户端所在的计算机不同。所以从通信的速度上看，本地进程外服务器端与客户端的通信慢于进程内服务器端与客户端的通信，但优于远程进程外服务器端与客户端的通信。

（2）COM 操作的基本函数

当 MATLAB 作为客户端时，它提供的 COM 组件的操作函数主要包括三类：创建 COM 对象、获取 COM 对象的信息、获取 COM 组件的 progID。

1）创建 COM 对象。actxcontrol 在 MATLAB 图形窗口（利用 figure 命令创建）中创建 ActiveX 控件，如 mscal.calendar（日历控件），创建的 ActiveX 控件均为进程内服务器。当 COM 组件以 dll 的方式存在，则创建进程内服务端，当 COM 组件以可执行程序的方式存在，则创建进程外服务器端。actxcontrol 函数和 actxserver 函数均返回创建 COM 对象的默认接口的句柄。

2）获取 COM 对象的信息。handle.methods 用来访问接口的方法；handle.events 用来访问接口的事件；get（handle）用来访问接口的属性。另外，用户还可以使用 get（handle,'PropertyName'）函数获得接口中属性的值。

3）获取 COM 组件的 progID。COM 规范采用一个 128 位长度的数字常量（GUID）来标识 COM 组件。同样，为了唯一地标识组件的接口，COM 规范也采用这种 128 位的 GUID 来作为接口的标识。MATLAB 使用 actxcontrollist 函数罗列当前系统中所有已注册 ActiveX 控件的信息。在 Microsoft 的 Windows 系统中，使用该函数只能返回 ActiveX 控件的信息，而不能返回所有 COM 组件的信息。安装或卸载程序也可能会引起该值的改变。actxcontrolselect 函数可以打开一个用于选择 ActiveX 控件的 GUI 界面。

在 MATLAB 中创建 COM 对象的命令为：exl=actxserver('Excel.Application')。下面给出一个读取数据实例。

【例 4-2】请用 MATLAB 的 COM 对象访问 Excel 文件，并将其中的部分数据读出来。

代码如下：

```
excel=actxserver('Excel.Application');    % 创建 Excel 应用程序对象
workbook=excel.Workbooks.Open('C:\Example1.xlsx');    % 打开 Excel 文件
worksheet=workbook.Sheets.Item(1);    % 获取工作表对象
```

```
data=worksheet.Range('A1:D10').Value;    % 读取数据
excel.Quit;          % 关闭 Excel 应用程序对象
delete(excel);       % 释放内存
clear excel;
```

需要注意的是，在使用 COM 接口读取 Excel 文件时，需要先创建 Excel 应用程序的 COM 对象，并在读取完数据后关闭 Excel 文件，并释放 COM 对象。

3. Spreadsheet Link（MATLAB 与 Excel 的接口）

本节介绍通过 MATLAB 提供的 Spreadsheet Link（早期版本称为 Excel link）插件，直接在 Excel 环境下运行 MATLAB 命令，与 MATLAB 进行数据传输。

（1）安装 Spreadsheet Link

1）启动 Microsoft Excel，在工具菜单栏下找到"加载宏"。

2）打开"加载宏"后，单击"浏览"，接着选择用户自己的 C:\ProgramFiles\MATLAB\R2017a\toolbox\exlink 下的 excllink.xla 文件，单击"确定"。

3）返回"加载宏"窗口，单击"确定"。

（2）启动 Spreadsheet Link

Excel 中启动 MATLAB 有三种常用方法，分别如下：

1）在 Excel 数据表单元格中输入"=MLOpen()"函数；

2）在工具菜单中选择"宏"，接着选择"宏"，在打开的"宏"对话框中输入"MATLABinit"；

3）单击 Excel 工具栏上的"startmatlab"。

4. 终止 Spreadsheet Link

当终止 Excel 时，Spreadsheet Link 和 MATLAB 会被同时终止。如果需要在 Excel 环境中终止 MATLAB 和 Spreadsheet Link，则在工作表单元框中输入"=MLClose()"。当需要重新启动 Spreadsheet Link 和 MATLAB 时，可选择 MLOpen 或 MATLABinit 命令来启动。

5. Spreadsheet Link 函数

Spreadsheet Link 包括 4 个链接管理函数和 9 个数据管理函数，如表 4-3 所示。

表 4-3　部分 Spreadsheet Link 函数

名称	说明
matlabinit	初始化 Spreadsheet Link，并启动 MATLAB
MLOpen	启动 MATLAB
MLClose	关闭 MATLAB
MLAutoStart	自动启动 MATLAB
matlabfcn	对 Excel 数据执行 MATLAB 命令
matlabsub	对 Excel 数据执行 MATLAB 命令，并指定输出位置
MLAppendMatrix	向 MATLAB 矩阵添加 Excel 表的数据

（续）

名称	说明
MLDeleteMatrix	删除 MATLAB 矩阵
MLPutMatrix	用 Excel 表创建或覆盖 MATLAB 矩阵
MLEvalString	执行 MATLAB 命令
MLGetString	向 Excel 数据表写 MATLAB 矩阵的数据
MLGetVar	向 Excel 数据表 VBA 写 MATLAB 矩阵的数据
MLPutVar	用 Excel 数据表 VBA 创建或覆盖 MATLAB 矩阵

4.2.2　MATLAB 与 Word 的接口

MATLAB 与 Word 文件的数据处理在实际工作中具有重要意义，MATLAB 可以通过调用与 Word 相关的 COM 组件来实现，在早期的版本中也可以通过 Notebook 来实现，下面分别进行介绍。

1. 使用 COM 组件创建 Word 文件

在 MATLAB 中使用 COM 对象连接 Word，可以在 MATLAB 中操作和读取 Word 文件。这种方法需要在计算机上安装 Word，因为 MATLAB 使用 Word 的 COM 接口来执行操作，下面的示例说明 COM 组件如何读写 Word 文件。

【例 4-3】在 MATLAB 中读取 Word 文件。

```
filename='example.docx';
doc=actxserver('Word.Application');
doc.Visible=false;
doc.Documents.Open(filename);
content=doc.ActiveDocument.Content.Text;
doc.Close();
doc.Quit();
delete(doc);
```

【例 4-4】在 MATLAB 中写入 Word 文件。

```
filename='example.docx';
doc=actxserver('Word.Application');
doc.Visible=false;
doc.Documents.Add();
doc.ActiveDocument.Content.Text='Hello,World!';
filename=[pwd'\Myword'];
doc.ActiveDocument.SaveAs(filename);
doc.Close();
doc.Quit();
delete(doc);
```

2. Notebook

MATLAB 的 Notebook 将 Word 和 PowerPoint 与 MATLAB 结合在一起使 MATLAB

具备文字处理和演示等功能。不过，需要注意的是，Notebook 命令仅在安装了 32 位版本的 Microsoft Word 的 Windows 系统上有效，在后续的版本中以实时编辑器来实现相关功能。

（1）安装 Notebook

已经安装了 Word 和 MATLAB 之后，运行 MATLAB，然后在命令窗口中输入安装命令：`notebook-setup`。

系统会自动识别 Word 版本，安装模板文件 M-Book.dot。

（2）启动 Notebook

有两种方式启动 Notebook。

1）从 Word 中启动 Notebook：打开 Word，依次选择"文件"→"新建"，选择 "m-book.dot" 图标后单击"确定"按钮。如果此时 MATLAB 还未启动，则 MATLAB 自动被启动，然后就出现新的"M-book"文档样式的 Word 窗口。

2）从 MATLAB 中启动 Notebook：在命令窗口中输入 notebook 命令（创建新的 Word 文件），或者输入 notebook '完整路径或文件名'（打开已有的 Word 文件）。

（3）Notebook 界面

创建的 M-book 文件界面比普通的 Word 多一个 Notebook 菜单，其功能如表 4-4 所示。其中，在 Notebook 中，参与 Word 和 MATLAB 之间信息交换的部分称为单元（Cell）或单元组（Cell group）。

表 4-4　Notebook 菜单项功能

名称	说明
Define Input Cell	定义输入单元
Define AutoInit Cell	定义自动初始化单元
Define Calc Zone	定义计算区
Undefine Cells	将单元转换为文本
Purge Selected Output Cells	清除输出单元
Group Cells	定义单元组
Un Group Cells	将单元组转换为单个单元
Hide Cell Markers	隐藏 / 显示单元标志
Toggle Group Output for Cell	为每个单元锁定图形输出
Evaluate Cell	运行当前单元或单元组
Evaluate Calc Zone	运行当前计算区
Evaluate MATLAB Notebook	运行整个 M-book 中的所有单元
Evaluate Loop	循环运行单元
Bring MATLAB to Front	将 MATLAB 置于屏幕之前
Notebook Options	定义输出显示选项

4.2.3　MATLAB 与 PowerPoint 的接口

MATLAB 与 Microsoft PowerPoint 的连接使用的仍然是 Notebook。下面举例说明

PowerPoint 文档的制作步骤：

1）启动 PowerPoint，在对话框中选择空白文档，单击"确定"按钮。

2）在新建幻灯片的自动模板中任选一个。

3）在新建的模板中输入链接内容。

4）选中内容，选择主菜单"插入 | 超级链接"，在"链接"文件框中选择事先准备好的 M-book 文件。这样就进入了 Notebook 环境。一旦进入该环境就可以实现 MATLAB 的绝大部分计算功能。

4.3　访问数据库

MATLAB 数据库工具箱提供了用于处理关系数据库的函数和应用程序（包括非关系数据库及自身的 SQLite 数据库），访问数据库主要有两种方式，一种是 SQL 命令访问关系数据库中的数据，另一种使用 Database Explorer 应用程序在不使用 SQL 的情况下与数据库交互。数据库工具箱可以连接到任何 ODBC 或 JDBC 兼容的关系数据库，如 SQL Server、MySQL、Microsoft Access、Oracle 等，也可直接使用 MATLAB 自身的 SQLite 关系数据库，而无需额外的软件或数据库驱动程序。部分数据库操作相关的函数如表 4-5 所示。

表 4-5　部分数据库操作相关的函数

名称	格式	说明
database	conn=database(datasource,username,password)	连接数据库
exec	exec(K,COMMAND,P1)	执行给定的 SQL 语句
fetch	D=fetch(K,KSQL)	获取执行结果

在 MATLAB 中访问关系数据库中的数据的步骤如下。

1）安装数据库。

2）选择使用命令行方式或 Database Explorer 应用程序。

3）选择使用 ODBC 驱动程序或 JDBC 驱动程序。需要说明的是 ODBC 驱动程序一般已经安装在计算机上，而 JDBC 驱动程序通常需要进行安装。

4）为 ODBC 兼容驱动程序创建数据源；对于 JDBC 兼容的驱动程序，须将驱动程序的完整路径添加到路径中，然后为 JDBC 兼容驱动程序创建数据源。

5）使用命令行或 Database Explorer 应用程序测试与数据库的连接。

6）从数据库中选择数据，然后使用命令行或 Database Explorer 应用程序将数据导入 MATLAB 变量。

7）通过从 MATLAB 变量导出数据，将数据插入数据库。

下面举例说明如何在 MATLAB 中访问 Access 数据库。

需要在 Windows 系统下先配置 ODBC 数据源，然后再访问 Access，具体步骤如下：

1）在 Windows 系统中依次选择开始→管理工具→数据源（ODBC），打开 ODBC 资源管理器。

2）设置"用户 DNS"，选择"添加"，再选择"Microsoft access driver(*.mdb;*.accdb)"，单击"完成"。

3）在弹出的新对话框中输入数据源名和描述。

4）选择数据源，找到用access创建的数据库名称以mdb结束的文件，单击"确认"即可。

另外也可以采用代码编程的方式，在 Matlab 中连接 ODBC 数据源（这里使用代码编程的方式）。

```
conn=database('SampleAccessDB','','')% 连接数据库
ping(conn)% 测试数据库是否连接成功
cursor=exec(conn,'select*from PeopleInfo')% 打开游标，并执行 SQL 语句
result=fetch(cursor)% 读取数据，可以从游标中读取，也可直接读取
close(cursor);close(conn)% 关闭游标和链接
```

注意：这里采用 cursor.fetch 方式，也可采用 database.fetch 的方式。

4.4　图像视频数据处理

MATLAB能够处理各种格式标准的图像视频类数据，其支持的格式包括：BMP、GIF、HDF、JPEG、PCX、PNG、TIFF、XWD 等。MATLAB 对图像的处理功能主要集中在它的图像处理工具箱（image processing toolbox）中，可以进行几何操作、线性滤波和滤波器设计、图像变换、图像分析与图像增强等操作。计算机视觉工具箱（computer vision system toolbox）提供用于设计和模拟计算机视觉和视频处理系统的算法、功能和应用程序，可以执行特征检测、提取和匹配，以及对象检测和跟踪等操作。

4.4.1　部分图像处理命令

部分图像处理函数如表 4-6 所示。

表 4-6　部分图像处理函数

名称	格式	说明
imread	A=imread(FILENAME,FMT)	读取图像
imfinfo	info=imfinfo(filename)	获取图像信息
imshow	imshow(I,[low high])	显示图像
imhist	imhist(I)	灰度直方图
imadjust	J=imadjust(I)	调整图像强度值或颜色图
im2bw	BW=im2bw(I,level)	阈值法将图像转换为二值图像
imdilate	B=imdilate(I,se)	形态学膨胀
imtransform	B=imtransform(A,TFORM,method)	对图像应用二维空间变换
imrotate	B=imrotate(A,angle,method,'crop')	图像中心旋转
imnoise	h=imnoise(I,type,parameters)	添加噪声

（续）

名称	格式	说明
imfilter	B=imfilter(f,w,option1,option2,…)	图像滤波
edge	BW=edge(I,type,thresh,direction,'nothinning')	边缘检测
regionprops	D=regionprops(L,properties)	测量图像区域的特征
imwrite	imwrite(A,FILENAME,FMT)	写入图像

4.4.2　部分视频处理命令

MATLAB 中的视频对象称为 MATLAB movie，通过读入 .avi 视频文件得到 movie 数据，并进行读写播放等操作，也可以把图像转换为视频帧，并进一步创建 movie。部分视频函数如表 4-7 所示。

表 4-7　部分视频函数

名称	格式	说明
VideoReader	VideoReader('filename')	读取视频文件
VideoWriter	VideoWriter('filename')	写入视频文件
mmfileinfo	mmfileinfo(filename)	多媒体文件的信息
movie	movie(M)	播放录制的视频帧
im2frame	f=im2frame(X,map)	图像转换为视频帧
frame2im	[X,Map]=frame2im(F)	视频帧转换为图像
getframe	F=getframe	捕获坐标轴或图形作为视频帧

【例 4-5】逐帧播放眼球变化动画。

MATLAB 代码如下。

```
for j=1:n
      plot(fft(eye(j+10)))
      M(j)=getframe;
    end
    movie(M)
```

程序执行后某时刻的截图如图 4-1 所示。

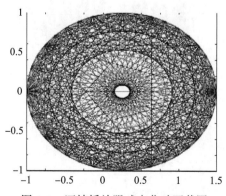

图 4-1　逐帧播放眼球变化动画截图

4.5　部分音频处理命令

MATLAB中的音频对象称为MATLAB movie，通过读入 .avi 视频文件得到movie数据，并进行读写播放等操作，也可以把图像转换为视频帧，并进一步创建 movie。部分音频函数如表 4-8 所示。

表 4-8　部分音频函数

名称	格式	说明
audioinfo	info=audioinfo(filename)	音频信息
audioread	[y,Fs]=audioread(filename)	读取音频文件
audiowrite	audiowrite(filename,y,Fs)	写入音频文件
audioDeviceReader	deviceReader=audioDeviceReader	从计算机音频设备录制音频样本
audioOscillator	osc=audioOscillator	生成具有可调特性的周期性正弦波、方波和锯齿波
mmfileinfo	info=mmfileinfo(filename)	获取多媒体文件信息
audioPlayerRecorder	playRec=audioPlayerRecorder	通过计算机的音频设备同时播放和录制
lin2mu	mu=lin2mu(y)	将线性音频信号转换为 mu 音频
mu2lin	y=mu2lin(mu)	将 mu 音频信号转换为线性格式
sound	sound(y)	将信号数据矩阵转换为声音

【**例4-6**】读取音频数据文件，并以不同频率播放，D 盘已存放有音频文件葫芦丝 .mp3。MATLAB 代码如下。

```
clear
clc
HLS=audioread('D:\ 葫芦丝 .mp3');
plot(HLS)
sound(HLS);
clear playsnd   % 停止声音
```

其波形图如图 4-2 所示。

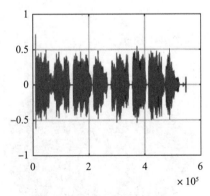

图 4-2　葫芦丝音乐波形图

4.6　MATLAB 与 Python 混合编程

1. 在 MATLAB 中调用 Python

在 MATLAB 中可直接调用 Python 库功能，或编写可用于 MATLAB 的 Python 程序。可以通过将 py. 前缀添加到 Python 名称，直接从 MATLAB 访问 Python 库，如：

```
py.list({'This','is a','list'})   % 调用内置函数列表
```

也可以使用 pyrun 或 pyrunfile 函数直接在 MATLAB 中执行在 Python 解释器中执行的 Python 语句。例如：

```
pyrun("l=['A','new','list']")   % Python 中的调用列表
```
在 MATLAB 中可调用的部分 Python 函数见表 4-9。

表 4-9　在 MATLAB 中可调用的部分 Python 函数

名称	格式	说明
pyenv	pyenv	更改 Python 默认环境
PythonEnvironment	PythonEnvironment	Python 环境信息
pyrun	pyrun(code)	从 MATLAB 中运行 Python 语句
pyrunfile	pyrunfile(file)	从 MATLAB 中运行 Python 脚本文件

2. 在 Python 中调用 MATLAB

编写可用于 MATLAB 的 Python 程序。MATLAB Engine API for Python 提供了一个包供 Python 将 MATLAB 作为计算引擎来调用。

在 Python 中可调用的部分 MATLAB 函数见表 4-10。

表 4-10　在 Python 中可调用的部分 MATLAB 函数

名称	格式	说明
matlab.engine.start_matlab	eng=matlab.engine.start_matlab()	启动 MATLAB Engine for Python
matlab.engine.find_matlab	names=matlab.engine.find_matlab()	查找共享的 MATLAB 会话以连接到用于 Python 的 MATLAB 引擎
matlab.engine.connect_matlab	eng=matlab.engine.connect_matlab (name=None)	将共享 MATLAB 会话连接到用于 Python 的 MATLAB 引擎
matlab.engine.shareEngine	matlab.engine.shareEngine	将正在运行的 MATLAB 会话转换为共享会话
matlab.engine.engineName	name=matlab.engine.engineName	返回共享 MATLAB 会话的名称
matlab.engine.isEngineShared	tf=matlab.engine.isEngineShared	确定 MATLAB 会话是否共享

习题

1. MATLAB 中有哪两类数据文件？

2. MATLAB 中有哪两类函数命令可以实现对文件的操作？各有什么特点？分别有哪些函数？

3. MATLAB 读取 Excel 文件有哪些方法？请自列一个 Excel 表格，读取其中的文本数据。

4. 请使用 COM 组件将"你好！中国欢迎你！"写入并保存为 Word 文件。

5. 请在 MATLAB 中创建 MySQL 文件，说明其具体步骤，并设计完成简单示例程序。

6. 请用计算机自带的语音设备录制一段自己的声音，将其波形图显示出来，变化频率后再进行播放。

7. 在 MATLAB 环境中如何调用 Python，请举例说明。

第 5 章 智能算法

智能算法包括模糊逻辑、神经网络及自然启发式算法等，模糊逻辑是对模糊的、自然语言的表达和描述进行操作与利用，神经网络则是直接模拟了人脑，而自然启发式算法则是从自然界获得灵感启发发展而来的。由于神经网络有专门的章节，本章重点讲述模糊逻辑及自然启发式算法。

5.1 模糊控制及应用

L. A. Zadeh 教授于 1965 年创立了模糊集合的理论，目前模糊理论已经广泛应用于各个领域，主要包括模糊集合理论、模糊推理和模糊控制等方面的内容。本节将介绍模糊理论基本概念及基于 MATLAB 的模糊控制应用。

5.1.1 模糊理论概述

经典集合论中，一个元素与一个集合之间的关系只有"属于"和"不属于"两种情况，而 Zadeh 教授用隶属函数来表述模糊集合。经典集合理论中，一个元素对一个集合的隶属度只能取 1 或 0 用以代表"属于"或"不属于"，而模糊集合理论中则表明隶属度可以是 [0,1] 中的任意一个数值。模糊集合通常有四种表示方法：Zadeh 表示法、矢量表示法、序偶表示法和函数描述法。

隶属函数也称为归属函数或模糊元函数，最早由 Zadeh 教授在 1965 年第一篇有关模糊集合的论文中提及，用来表示模糊集合的数学函数，表示元素属于某模糊集合的"真实程度"。常用的隶属函数确定方法有模糊统计法、指派法、专家经验法、二元对比排序法等，数学上最常用的隶属函数是 B 样条函数和高斯函数，工程上往往采用三角隶属函数等简单的函数。

5.1.2 模糊控制

对于复杂、难以精确描述的系统，传统的控制理论显得无能为力，而模糊控制具有无须依赖被控对象数学模型、鲁棒性强的特点，能完成传统控制方法所不能完成的任务。

模糊控制是用模糊理论的知识模仿人的思维方式，对模糊现象进行识别和推理，给出精确的控制量，对被控对象进行控制。模糊控制系统原理框图如图 5-1 所示，一般包括四个主要部分：模糊化、知识库、模糊推理和去模糊化。

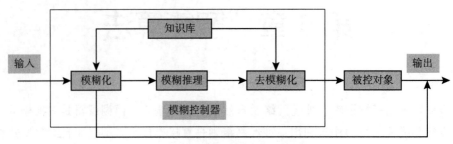

图 5-1　模糊控制系统原理框图

一般以系统的误差信号 E 和误差改变量 ΔE 作为模糊控制器的输入，把 E 和 ΔE 的精确量进行模糊化变成模糊量，再根据给定的规则对模糊量进行模糊推理，得到模糊控制量，接着将模糊控制量转化为实际系统能接受的精确数字量，即去模糊化，最后由得到的精确数字量对被控对象进行控制。

模糊控制器的设计一般包括如下步骤：1）确定模糊控制器的输入变量和输出变量（即控制量）；2）设计模糊控制器的控制规则；3）确立模糊化和去模糊化的方法；4）选择模糊控制器的输入变量和输出变量的论域并确定模糊控制器的参数。

5.1.3　模糊推理

采用 MATLAB 编制软件时，模糊逻辑工具箱把模糊推理系统的各部分作为一个整体，并以文件形式对模糊推理系统进行建立、修改和存储等操作。

用模糊逻辑工具箱中提供的 newfis() 函数可以构建出模糊推理系统的数据结构。其中，FIS（fuzzy inference system）为模糊推理系统的缩写。该函数调用格式为 fis=newfis(name)，其中，name 为字符串，表示模糊推理系统的名称，通过该函数可以建立起结构体 fis，其内容包括模糊的与、或运算，去模糊算法等，这些属性可以由 newfis() 函数直接定义，也可以事后定义。定义了模糊推理系统 fis 后，可以调用 addvar() 函数来添加系统的输入变量和输出变量，其调用格式为

```
fis=addvar(fis,'input',iname,vi) %定义一个输入变量 iname
fis=addvar(fis,'output',oname,vo) %定义一个输出变量 oname
```

其中，vi 及 vo 为输入变量或输出变量的取值范围，即最小值与最大值构成的行向量。通过这样的方法可以进一步定义 fis 的输入输出情况，每个变量的隶属函数可以用 addmf() 函数定义，也可以用 mfedit() 定义。

若将某信号用三个隶属函数表示，则一般对应的物理意义是"很小""中等"与"较大"。5 段式的论域一般可以写成 E={NB, NS, ZE, PS, PB}，分别表示"负大""负小""零""正小"和"正大"这 5 个模糊子集，其中 ZE 也可表示为 Z0。更精确点，还可以用 7 段式论域，一般记作 E={NB, NM, NS, ZE, PS, PM, PB}。与 5 段式论域相比，分别增加了"负

中"（NM）和"正中"（PM）两个模糊子集。一个精确的信号可以通过这样一组隶属函数模糊化，变成模糊信号。

如果将多路信号均模糊化，则可以用 if/else 型语句表示出模糊推理关系。例如，若输入信号 ip1"很小"，且输入信号 ip2"较大"，则设置"较大"的输出信号 op，这样的推理关系可以表示成

```
if ip1=="很小"and ip2=="很大",then op="很大"
```

模糊规则可以简单地用数据向量表示，多行向量可以构成多条模糊规则矩阵。每行向量有 $m+n+2$ 个元素，m、n 分别为输入变量和输出变量的个数，其中前 m 个元素表示输入信号的隶属函数序号，次 n 个元素对应输出信号的隶属函数序号，第 $m+n+1$ 表示输出的加权系数，最后一个元素表示输入信号的逻辑关系，1 表示逻辑"与"，2 表示逻辑"或"。

若前面的规则生成一个规则矩阵 $\boldsymbol{R}$，则可以用命令 fis=addrule(fis,R) 直接补加到模糊推理系统 fis 原有的规则后面。模糊推理问题还可以用 MATLAB 函数 evalfis() 求解，y=evalfis(X,fis)，其中，$\boldsymbol{X}$ 为矩阵，其各列为各个输入信号的精确值，evalfis() 函数利用用户定义的模糊推理系统 fis 对这些输入信号进行模糊化，用该系统进行模糊推理，得出模糊输出量。

通过模糊推理可以得出模糊输出量 op，此模糊量可以通过指定的算法精确化，亦称去模糊化（defuzzification）。去模糊化过程实际上是模糊化过程的逆运算，可以由 defuzz() 函数求取，常用的去模糊化算法包括最大隶属度平均法（mom）、重心法（centriod）等。

可以用 writefis() 函数将模糊推理系统存入 *.fis 文件，相应地，用 readfis() 函数可以将 *.fis 文件读入 MATLAB 工作空间。为使用方便，表 5-1 列出了模糊逻辑工具箱的常用函数。

表 5-1　模糊逻辑工具箱的常用函数

函数类	函数名	函数功能
模糊推理系统管理函数	newfis	创建新的模糊推理系统
	readfis	从磁盘读出存储的模糊推理系统
	getfis	获得模糊推理系统的特性数据
	writefis	保存模糊推理系统
	showfis	显示添加了注释的模糊推理系统
	setfis	设置模糊推理系统的特性
	plotfis	图形显示模糊推理系统的输入输出特性
	mam2sug	将 Mamdani 型模糊推理系统转换为 Sugeno 型
模糊语言变量	addvar	添加模糊语言变量
	rmvar	删除模糊语言变量
模糊隶属度函数	pimf	建立 π 形隶属函数
	gauss2mf	建立双边高斯形隶属函数
	gaussmf	建立高斯形隶属函数
	gbellmf	生成一般的钟形隶属函数

（续）

函数类	函数名	函数功能
模糊隶属度函数	smf	建立 S 形隶属度函数
	trapmf	建立梯形隶属度函数
	trimf	建立三角形隶属度函数
	zmf	建立 Z 形隶属度函数
模糊规则的建立与修改	addrule	往模糊推理系统添加模糊规则函数
	parsrule	解析模糊规则函数
	showrule	显示模糊规则函数
模糊推理计算与去模糊化函数	evalfis	执行模糊推理计算函数
	defuzz	执行去模糊化函数
	gensurf	生成模糊推理系统的输出曲面并显示函数

上面所有的函数语句可以更简单地由界面实现，利用模糊逻辑工具箱的图形用户界面工具建立模糊推理系统，输出曲面视图窗口。

5.1.4　基于 Simulink 的模糊控制器应用

模糊控制具有无须依赖被控对象数学模型、鲁棒性强的特点，但是简单的模糊控制器有控制精度无法达到预期标准等缺陷。因此将传统的 PID 控制器和模糊控制器结合形成模糊 PID 控制器可以相互弥补缺陷。利用模糊 PID 控制方式解决污水液位控制非线性的问题，既能发挥模糊控制动态响应优秀、鲁棒性强的特点，又具备 PID 控制器的较高稳态精度的优点。

在进行模糊 PID 控制器设计时，首先需要对模糊控制器进行设计，设计流程如图 5-2 所示。

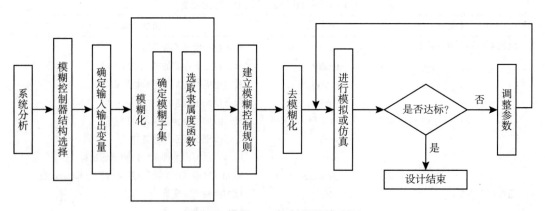

图 5-2　模糊 PID 控制器设计流程

1. 模糊控制器结构选择

设计模糊控制器时要注意它的结构和推理算法。按照输入维度划分，模糊控制器的常见结构有一维、二维和三维，如图 5-3 所示。理论上讲控制器的控制精度随着维度的增加而提高，但实际中如果控制器的维度太高控制规则就会很复杂，难以实现推理算法。为兼顾控制器控制的精确性和实现的简易性，本系统采用二维模糊控制器。控制器的输入为被控对象实际值与设定值之间的偏差值和偏差变化率，由它们反映出被控对象的动态特性。

2. 确定输入输出变量

液位控制方式是根据当前液位高低来调节水泵电机转速，模糊 PID 控制器的被控对象是液位，将液位计测得的实际液位与设定值进行比较可以得到偏差值 E 和偏差变化率 E_c，将其作为模糊 PID 控制器的输入变量；为实现对 PID 参数的在线调整，控制器的输出是 PID 控制器参数 K_p、K_i 和 K_d 的修正量 ΔK_p、ΔK_i 和 ΔK_d。

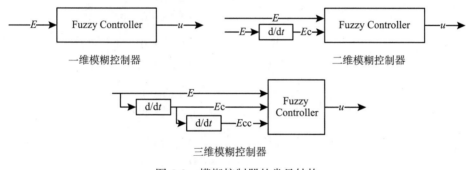

图 5-3　模糊控制器的常见结构

3. 模糊化

由于模糊推理是通过输入量的模糊值和输入输出之间的模糊关系进行的，而系统中输入量都是精确的数值，所以要把系统中用到的输入、输出量的精确值转化为模糊语言值。其中，系统输入、输出变量的实际变化范围称为基本论域，模糊控制器的输入、输出范围称为模糊论域，将输入、输出量的精确值转换为模糊语言值称为确定模糊子集，模糊论域与模糊子集之间的对应关系为隶属度函数。

本系统输入输出变量模糊化规则如下。

- **对于系统输入**：液位设定范围是最高液位（安全运行不溢出）4m，最低液位（MBR膜丝完全浸没不露出）2m，液位设定值为 3m，故模糊控制器输入 E 的变化范围即基本论域为（-1,1）m。由于不清楚液位偏差变化率 E_c 范围，故先设定其取基本论域为（-1,1）m/s，可后期修正。输入变量的模糊论域为（-0.3,0.3），即量化因子为：0.3/1=0.3。将输入变量 E、E_c 范围划分为 7 个模糊子集：{负大（NB），负中（NM），负小（NS），零（Z0 或 ZE），正小（PS），正中（PM），正大（PB）}，将偏差 E 和偏差变化率 E_c 量化到（-0.3,0.3）的区域内。

- **对于系统输出**：取输出变量 ΔK_p、ΔK_i、ΔK_d 的基本论域为（-4,4）、（-0.3,0.3）、（-10,10），模糊论域为（-1,1），分别对应的比例因子为 4/1=4、0.3/1=0.3、10/1=10。将输出变量范围划分为 7 个模糊子集：{负大（NB），负中（NM），负

小（NS），零（Z0），正小（PS），正中（PM），正大（PB）}。

本系统隶属度函数确定如下。

模糊控制常用的隶属度函数有三角形和高斯形，因为三角形隶属度函数为直线形，易于计算，在论域范围内分布均匀，其灵敏度较高，同时也比较适用于在线调整的模糊控制，所以本系统采用三角形隶属度函数。模糊控制器输入量的模糊论域与模糊子集之间的隶属度函数如式（5-1）所示：

$$\mu_{NB}(x) = -2 - 10x \qquad -0.3 \leqslant x \leqslant -0.2$$

$$\mu_{NM}(x) = \begin{cases} 3 + 10x & -0.3 \leqslant x \leqslant -0.2 \\ -1 - 10x & -0.2 < x \leqslant -0.1 \end{cases}$$

$$\mu_{NS}(x) = \begin{cases} 2 + 10x & -0.2 \leqslant x \leqslant -0.1 \\ -10x & -0.1 < x \leqslant 0 \end{cases}$$

$$\mu_{Z0}(x) = \begin{cases} 1 + 10x & -0.1 \leqslant x \leqslant 0 \\ 1 - 10x & 0 < x \leqslant 0.1 \end{cases} \qquad (5\text{-}1)$$

$$\mu_{PS}(x) = \begin{cases} 10x & 0 \leqslant x \leqslant 0.1 \\ 2 - 10x & 0.1 < x \leqslant 0.2 \end{cases}$$

$$\mu_{PM}(x) = \begin{cases} -1 + 10x & 0.1 \leqslant x \leqslant 0.2 \\ 3 - 10x & 0.2 < x \leqslant 0.3 \end{cases}$$

$$\mu_{PB}(x) = -2 + 10x \qquad 0.2 \leqslant x \leqslant 0.3$$

输入变量隶属度函数如图 5-4 所示。

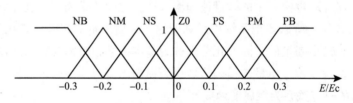

图 5-4　模糊控制器输入变量隶属度函数

同理可画出输出变量的模糊论域与模糊子集之间的隶属度函数，如图 5-5 所示。

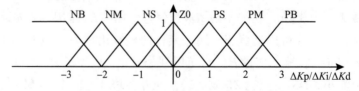

图 5-5　模糊控制器输出变量隶属度函数

4. 建立模糊控制规则

建立控制器输入 E、Ec 和输出 ΔKp、ΔKi、ΔKd 之间的关系，控制器根据偏差和偏差变化率的大小实时调整 Kp、Ki、Kd 的取值，确保系统具有优秀的动态和稳态性能。

根据 PID 控制其原理和实际经验，参数 Kp、Ki、Kd 在不同 E、Ec 下自调整需满足以下原则：

当 $|E|$ 较大时，为加快响应速度使系统具有较好的快速跟踪性能，无论误差的变化趋势如何，即无论 Ec 大小如何均应取较大的 Kp；为了避免 E 的瞬间变化可能引起的微分饱和超出控制范围应取较小的 Kd；为避免系统响应出现较大超调，应对积分作用加以限制，取较小的 Ki。

当 $E \times Ec>0$ 时，说明偏差与偏差变化率同号，$|E|$ 逐渐变大。当 $|E|$ 较大，要快速减小 $|E|$，系统取较大的 Kp，同时为提高动态和稳态性能，减小 E 的变化趋势，系统取较小的 Ki 和中等的 Kd；当 $|E|$ 和 $|Ec|$ 中等大小时，系统取较小的 Kp，取中等的 Ki 和 Kd；在 $|E|$ 较小时，系统取中等 Kp，要消除 E 又不产生振荡，系统取较大的 Ki 和较小的 Kd。

当 $E \times Ec<0$ 时，说明偏差与偏差变化率异号，$|E|$ 逐渐变小。当 $|E|$ 较大，要快速减小 $|E|$，系统取中等的 Kp，同时为提高动态性能和稳态性能，系统取较小的 Ki 和中等的 Kd；当 $|E|$ 较小，为保持系统的稳态性能，系统取较小的 Kp 和 Ki，防止系统在设定值附近出现振荡，提高系统的抗干扰性，当 $|Ec|$ 较小时，取稍大的 Kd，当 $|Ec|$ 较大时，取稍小的 Kd。

$|Ec|$ 表示偏差 E 变化的快慢，Kp 和 Ki 取值随 $|Ec|$ 变大分别变小和变大。

综合专家经验以及通过仿真实验对系统参数进行的调整，可以归纳出模糊控制规则表如表 5-2 所示。

表 5-2　模糊控制规则表

E	Ec 不同模糊子集下的 $\triangle Kp/\triangle Ki/\triangle Kd$						
	NB	NM	NS	Z0	PS	PM	PB
NB	PB/NB/PS	PB/NB/NS	PM/NM/NB	PM/NM/NB	PS/NS/NB	Z0/Z0/NM	Z0/Z0/PS
NM	PB/NB/PS	PB/NB/NS	PM/NM/NB	PS/NS/NM	PS/Z0/NM	Z0/Z0/NS	NS/Z0/Z0
NS	PM/NB/Z0	PM/NM/NS	PM/NS/NM	PS/NS/NM	Z0/Z0/NS	NS/PS/NS	NS/PS/Z0
Z0	PM/NM/Z0	PM/NM/NS	PS/NS/NS	Z0/Z0/NS	NS/PS/NS	NM/PM/NS	NM/PM/Z0
PS	PS/NM/Z0	PS/NS/Z0	Z0/Z0/Z0	NS/PS/Z0	NS/PS/Z0	NM/PM/Z0	NM/PB/Z0
PM	PS/Z0/PB	Z0/Z0/PM	NS/PS/PS	NM/PM/PS	NM/PM/PS	NM/PB/PS	NB/PB/PB
PB	Z0/Z0/PB	Z0/Z0/PM	NM/PS/PM	NM/PM/PM	NM/PM/PS	NB/PB/PS	NB/PB/PB

本系统模糊控制器模糊推理采用 if/then 合成规则。

5.去模糊化

通过模糊推理得到的是模糊量，而系统输出量为精确数值，因此需要将模糊量转换为精确值，即去模糊化。较为常用的去模糊化方法有重心法（又称加权平均值法）、最大隶属度平均法和中位数法。其中，重心法的原理为找出隶属度函数曲线与横坐标所围成的区域面积的重心，其对应的坐标值为得出的精确值。相比于其他去模糊化方法，重心法具有更平滑的输出推理控制，即使对应于输入信号的微小变化，输出也会发生变化，本系统采用重心法作为去模糊化方法。对于 Kp 其输出如式（5-2）所示，式中 μ 为隶属度函数。

$$Kp = \frac{\sum_{i=1}^{n} Kp \cdot \mu(Kp)}{\sum_{i=1}^{n} \mu(Kp)}\qquad（5\text{-}2）$$

同理可求 Ki、Kd。

5.1.5　模糊 PID 控制器设计

采用自适应模糊 PID 控制器的 MBR 水箱液位控制结构如图 5-6 所示。控制器由模糊控制器与传统 PID 控制器两部分组成，其中模糊控制器以实际值距设定值的偏差 E 和偏差变化率 Ec 为输入，PID 控制器参数增量 ΔKp、ΔKi、ΔKd 为输出，对 PID 控制器的参数进行修正，使 PID 控制器参数随被控对象状态变化而变化。

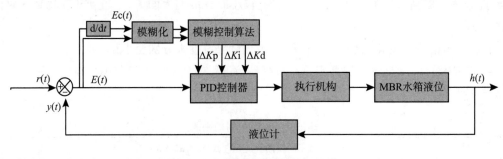

图 5-6　MBR 水箱液位控制结构

5.1.6　模糊 PID 控制器仿真

本设计采用 MATLAB 模糊逻辑工具箱和 Simulink 工具箱对污水处理水箱液位控制系统的仿真模型进行搭建与仿真。

1. 模糊控制器的实现

首先需要利用模糊逻辑工具箱对模糊控制器进行设计和实现。模糊逻辑工具箱是 MATLAB 中应用广泛的一个工具箱，不针对具体硬件平台，具有交互式的设计界面，支持在 Simulink 环境下进行动态仿真。

在 MATLAB 命令行窗口输入"fuzzy"，或在应用程序选项栏选择 Fuzzy Logic Designer 新建 FIS 文件，如图 5-7 所示。根据前文的分析和设计，通过 Edit 菜单 Add Variable 选项添加输入输出，修改模糊控制器为二输入三输出结构。在弹出的 Membership Function Editor 中的 Name 一栏设置输入输出名称，在 Range 一栏修改输入输出变量的模糊论域范围，在 Type 一栏选择 trimf 即三角形函数为隶属度函数，如图 5-8 所示。

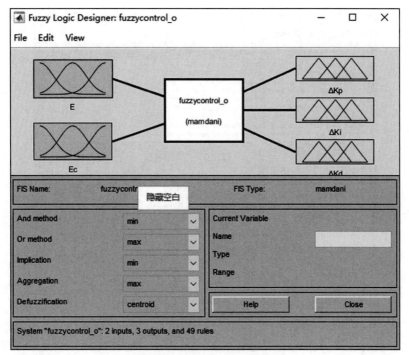

图 5-7 模糊控制器设计界面

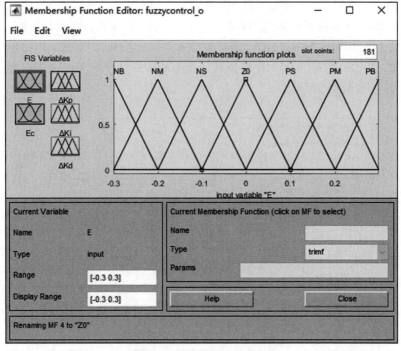

图 5-8 输入输出变量设置

在设置模糊控制器结构、确定输入输出和模糊化规则后，接下来需要建立模糊控制规则。双击主界面模糊控制器名称或通过 Edit 菜单中的 Rules 选项打开规则编辑器，依据前文内容将设计好的规则保存进规则库，如图 5-9 所示。

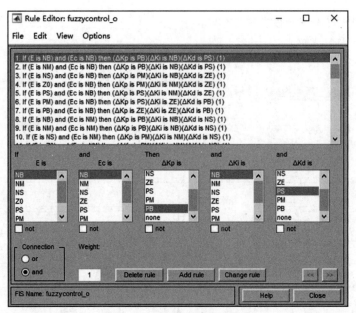

图 5-9　模糊规则编辑器

可通过规则观察器界面更直观地看到相关推理过程的路径图，它是一个动态仿真环境。在规则编辑器界面选择 View 菜单中的 Rules 选项打开规则观察器，如图 5-10 所示。在规则编辑器界面选择 View 菜单中的 Surface 选项，可打开曲面观察器，通过曲面观察器可以看到针对输入变化范围计算得出的输出变化范围，在三维坐标图上显示。图 5-11a 至图 5-11c 分别为三个输出 ΔKp、ΔKi、ΔKd 随输入 E、Ec 变化而变化的曲面图，其中 x 轴、y 轴分别为 E、Ec，坐标轴范围为模糊论域。曲面的平滑度反映了系统隶属度函数的正确性，以及模糊推理规则的合理性。

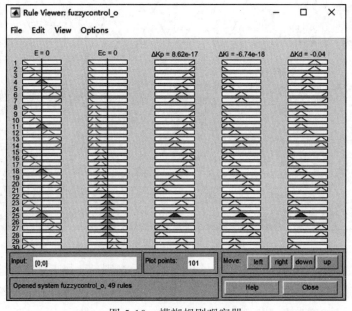

图 5-10　模糊规则观察器

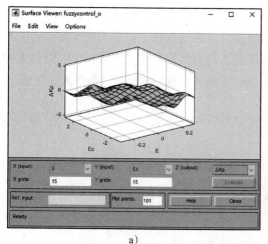
a)

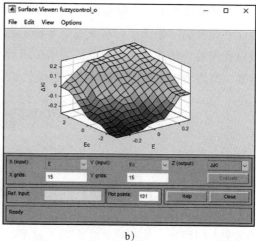
b)

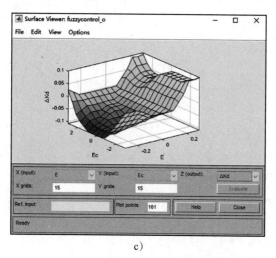
c)

图 5-11　输出变量曲面观察器

最后需要选择去模糊化方法，根据系统设计要求，从清晰化的几种方法中选择重心法。在模糊控制器设计主界面 Defuzzification 一栏的下拉选项中选择 centroid 选项。

2. 被控对象建模

根据流量平衡原理，可得到水箱液位与流量的关系如式（5-3）所示。

$$A\frac{\mathrm{d}h}{\mathrm{d}t} = Q_\mathrm{i} - Q_\mathrm{o} \tag{5-3}$$

其中 A 表示水箱截面面积（m^2），h 表示水箱液位高度（m），Q_i 与 Q_o 表示水箱入水流量与出水流量（m^3/s）。为简化输入，取 $Q = Q_\mathrm{i} - Q_\mathrm{o}$，得到系统方程为：$A\dot{h} = Q$ 可以简化为线性定常单输入单输出系统进行考虑，其传递函数如式（5-4）所示，式中 s 为拉氏变量的复变量。

$$G(s) = \frac{K}{s^2 + As} \tag{5-4}$$

在理想情况下，水箱液位模型是一个二阶线性系统，其参数 K 和 A 由水箱实际尺寸决定。然而在实际系统中，水泵流量与转速之间的关系并不是线性的而且不能确定，同时液位变化滞后于转速变化，因此需要增加滞后环节使传递函数更加贴近实际情况。结合实际经验，最终确定本系统水箱液位传递函数如式（5-5）所示，式中 s 为拉氏变量的复变量。

$$G(s) = \frac{1}{10s^2 + 2s} e^{-0.5s} \tag{5-5}$$

3. 系统仿真

首先确定系统输入。为了尽可能模拟实际生产生活中一天中城市生活污水的流量特性，整个污水处理系统输入（即原水池模块的输入）是根据某市一天内实际污水管网流量系数构造的时间序列，其流量系数（Cv）分布如图 5-12 所示。

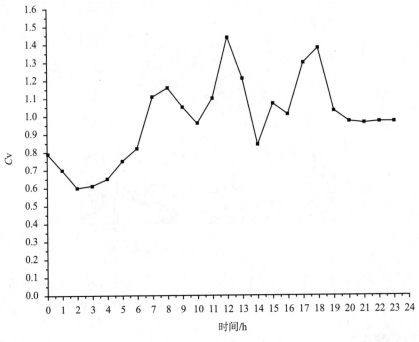

图 5-12   污水流量时间序列

原水池、好氧池模糊控制部分利用 MATLAB function 编写三输入单输出的自定义模块。原水池模糊控制器输入 x、y、z 为原水注入流量、原水池和好氧池液位反馈信号，输出为原水池水泵出水流量，根据水泵实际工作的最大出水流量对其进行限幅，同时其输出也作为好氧池模块的输入，原水注入流量与原水池水泵出水流量之差为原水池净流量。好氧池模糊控制器与原水池相同，输入 x、y、z 为原水池出水流量、好氧池和 MBR 池液位反馈信号，输出为好氧池水泵出水流量。

MBR 池模块模糊控制部分采用前文所搭建的二输入三输出的模糊控制器，PID 部分根据经验结合 Ziegler-Nichols 整定公式，PID 参数初值选取为 $K_p=4$，$K_i=0.3$，$K_d=10$。模糊控制器对 PID 控制器参数进行修正后其输出为 MBR 水箱的净流量，好氧池模块模糊控制器输出信号减去净流量即为 MBR 池水泵的出水流量。由于实际系统中 MBR 污水的处理效率有上限，超过上限后 MBR 膜容易受损并且出水水质无法保证，因此需要对 MBR 池水泵的出水流量进行限制。MBR 池模块输入信号为液位设定值，当仿真时间 $t=1s$ 时给定一个以幅值为 3 的阶跃信号，代表其液位设定为 3m。由图 5-12 所示的污水排放流量分布可以看出，在每日的 7~8h、12~13h 和 17~18h 污水排放流量明显增大，而由于 MBR 池水泵的出水流量存在上限，为了避免进水流量过大造成液位过高溢出等状况，仿真时间为 7h、12h 和 17h 时将液位设定值信号幅值调为 2，提前将水箱内污水处理好抽出作为应对，当仿真时间为 8h、13h 和 18h 时恢复原始液位设定值。

为更好地显示模糊 PID 控制效果的优越性，将其仿真模型同 PID 控制模型并联在一起。默认原水池、好氧池和 MBR 池尺寸相同，选取相同的传递函数。

通过 Simulink 进行系统仿真，参数设置部分将系统采样时间设定为 0.5s，定步长。通过调试修改模糊控制器输出变量比例因子，以得到最佳的控制性能，最终确定输出变量 ΔK_p、ΔK_i、ΔK_d 基本论域对模糊论域的比例因子为：2、1.5、3。用示波器观察输出的情况，得出输入信号为幅值为 3 的阶跃信号时，它们各自的控制曲线，如图 5-13 所示。其中蓝色为 MBR 池液位设定信号，红色为仅使用 PID 进行控制得到的液位信号，黑色为使用模糊 PID 控制方式得到的液位信号。控制系统性能指标对比见表 5-3。

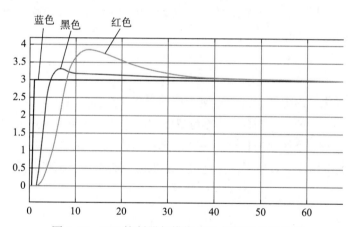

图 5-13　PID 控制器与模糊 PID 控制器仿真曲线

表 5-3　PID 控制器与模糊 PID 控制器性能指标对比

控制方法	超调量	上升时间	调整时间
PID	28.93%	13s	49.70s
模糊 PID	10.8%	7s	50.77s

通过比较控制曲线以及性能指标可以看出，与常规 PID 控制器相比，使用模糊 PID 控制方式的系统能实现更优秀的效果：响应速度更快，上升时间减少了 6s，调整时间变化不明显；超调量更小，系统超调量明显减少，调节精度更高；稳态性能更好，系统上升时间更短，响应速度更快。

5.2 遗传算法

遗传算法是一种受自然选择过程启发的元启发式算法，是模拟达尔文生物进化论的自然选择和遗传学机理的生物进化过程的计算模型，是一种通过模拟自然进化过程搜索最优解的方法。遗传算法通常依赖于生物启发的算子，如变异、交叉和选择，来生成高质量的优化和搜索问题的解决方案。John Holland 在 1960 年提出了基于达尔文进化论概念的遗传算法；后来，他的学生 David E. Goldberg 在 1989 年扩展了遗传算法。遗传算法已被人们广泛地应用于组合优化、机器学习、信号处理、自动控制和人工生命等领域。

5.2.1 算法流程

遗传算法的基本运算流程如图 5-14 所示，具体说明如下：
1）确定参数，定义适应度函数。
2）计算各个体的适应度值。
3）进行选择、交叉和变异操作产生新种群。
4）求出最优解，结束计算。

遗传操作包括以下三个基本遗传算子（genetic operator）：选择（selection）、交叉（crossover）和变异（mutation）。

1. 选择

从种群中选择优胜的个体，淘汰劣质个体的操作叫选择。选择算子有时又称为再生算子（reproduction operator）。选择的目的是把优化的个体（或解）直接遗传到下一代，或通过配对交叉产生新的个体再遗传到下一代。选择操作是建立在群体中个体的适应度评估基础上的，常用的选择算子有适应度比例法、随机遍历抽样法、局部选择法等。

2. 交叉

在自然界生物进化过程中起核心作用的是生物遗传基因的重组（加上变异）。同样，遗传算法中起核心作用的是遗传操作的交叉算子。所谓交叉是指把两个父代个体的部分结构加以替换重组而生成新个体的操作。通过交叉，遗传算法的搜索能力显著提高。

3. 变异

变异算子的基本内容是变动种群中的个体串的某些基因座上的基因值。依据个体编码表示方法的不同，有实值变异和二进制变异。变异算子操作包括对种群中所有个体以事先设定的变异概率判断是否进行变异，以及对进行变异的个体随机选择变异位进行变异等步骤。遗传算法引入变异的目的有两个。一是使遗传算法具有局部的随机搜索能力。当遗传算法通过交叉算子已接近最优解邻域时，利用变异算子的这种局部随机搜索能力可以加速向最优解收敛。显然，此种情况下的变异概率应取较小值，否则接近最优解的积木块会因变异而遭到破坏。二是使遗传算法可维持群体多样性，以防止出现未成熟收敛现象。此时收敛概率应取较大值。

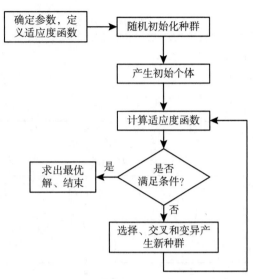

图 5-14　遗传算法的基本运算流程

5.2.2　算法案例

为了解遗传算法的应用，选择一个相对复杂的二维函数用遗传算法进行优化，设函数为 $y = 10\sin(5x) + 10\text{abs}(x - 5) + 20$，具体说明如下。

1. 编码

遗传算法的运算对象是表示个体的符号串，所以将变量 x 编码为无符号二进制码。

2. 适应度计算

遗传算法中以个体适应度的大小来评价各个体的优劣程度，决定其遗传概率的大小，本例目标函数为非负值，并且是以函数最大值为优化目标，直接用目标函数值：$10\sin(5x) + 10\text{abs}(x - 5) + 20$，来作为个体的适应度。

3. 选择

选择运算（也称复制运算），取当前种群中适应度较高的个体遗传到下一代种群中。

4. 交叉

交叉运算以某一概率（本例为 pc）相互交换某两个个体之间的部分染色体。

5. 变异

变异是对个体的某一个或某一些基因座上的基因值按某一概率（本例为 pm）进行改

变，本例采用基本位变异的方法。

其程序代码如例 5-1 所示，运行结果如图 5-15 所示。

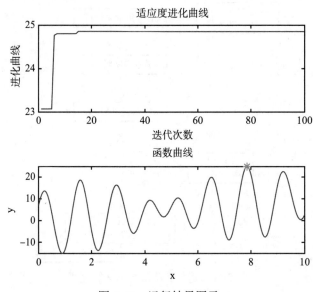

图 5-15　运行结果图示

【例 5-1】遗传算法求函数最优化。

```
clear;clc;
funcl = @(x) 10*sin(5*x)+10*abs(x-5)+20;

popsize = 50; %种群大小
chromlength = 100; %二进制编码长度
pc = 0.6; %交叉概率
pm = 0.05; %变异概率
Gmax = 100; %最大迭代次数
Xmax = 10; Xmin = 0; % X取值的上下限
f = randi([0,1],popsize,chromlength); %随机生成初始种群
fit =zeros(1,50);
x = zeros(1,50);
trace = zeros(1,100);
xtrace = zeros(1,100);     % 内存分配申请
for k  = 1:Gmax
    for i = 1:popsize
        U = f(i,:);
        m = 0;
        for j = 1:chromlength
            m = U(j)*2^(j-1)+m;
        end
        x(i) = Xmin +m*(Xmax - Xmin)/ (2^chromlength-1); %二进制转换为实数
        fit(i) = funcl(x(i)); %适应度
    end

    maxfit = max(fit); minfit = min(fit);
```

```
        rr = find(fit == maxfit);
        fbest = f(rr(1,1),:);
        xbest = x(rr(1,1));      % 最优个体
        fit = (fit - minfit )/(maxfit-minfit);  % 适应度归一化计算
            % 选择操作
        sum_fit = sum(fit);
        fitvalue = fit./sum_fit;
        fitvalue = cumsum(fitvalue);
        ms = sort(rand(popsize,1));
        fiti = 1; newi = 1;
        while newi <= popsize
            if (ms(newi))<=fitvalue(fiti)
                nf(newi,:)=f(fiti,:); newi=newi +1;
            else
                fiti = fiti+1;
            end
        end
            % 交叉操作
        for i = 1:2:popsize
            p = rand;
            if p < pc
                q = randi(1,chromlength);
                for j = 1:chromlength
                    if q(j) == 1
                        temp = nf(i+1,j); nf(i+1,j)=nf(i,j); nf(i,j)=temp;
                    end
                end
            end
        end
            % 变异操作
        i = 1;
        while i <= round(popsize*pm)
            h =randi([1,popsize],1,1);
            for j = 1:round(chromlength*pm)
                g = randi([1,chromlength],1,1);
                nf(h,g) =~nf(h,g);
            end
            i = i+1;
        end

        f = nf; f(1,:) = fbest;
        trace(k) = maxfit; xtrace(k) =xbest;
end
figure;
subplot(3,1,1); plot(trace);
xlabel(' 迭代次数 '); ylabel(' 进化曲线 '); title(" 适应度进化曲线 ");
hold on;
subplot(3,1,2); plot(xtrace);
xlabel(' 迭代次数 '); ylabel(' 进化曲线 '); title(" 适应度进化曲线 ");
subplot(3,1,3); fplot(func1,[0,10]);
xlabel('x'); ylabel('y'); title(" 函数曲线 ");
```

```
hold on;
plot(xbest, maxfit, '*');
```

5.3 人工鱼群算法

在水域中，鱼往往能自行或尾随其他鱼找到营养物质多的地方，因而鱼生存数目最多的地方一般就是本水域中营养物质最多的地方，人工鱼群算法就是从鱼找寻食物的现象中表现的寻觅特点得到启发而发明的优化算法。具体来说，人工鱼是通过模仿鱼群的觅食、聚群及追尾等行为来实现寻优，说明如下。

1）觅食行为：鱼在水中随机地游动，当发现食物时，就向食物逐渐增多的方向快速游去。

2）聚群行为：鱼在游动过程中为自身安全会自然地聚集成群，鱼聚群时所遵守的规则有三条：分隔规则（尽量避免与邻近伙伴过于拥挤）、对准规则（尽量与邻近伙伴的平均方向一致）和内聚规则（尽量朝邻近伙伴的中心移动）。

3）追尾行为：当鱼群中的一条或几条鱼发现食物时，其邻近的伙伴会尾随其快速游向目标。

4）随机行为：平时单独的鱼在水中通常都是随机游动的，是为了更大范围地寻找附近的伙伴或食物源。

5.3.1 算法描述

具体解决函数优化问题时，人工鱼个体可用 $X(x1, x2, \cdots)$ 表示，称为一个解，该解向量对应的目标函数值为 $Y=f(X)$，在算法中表示为人工鱼当前状态的食物浓度。

先设定几个相关参数，n：目标空间维度；N：人工鱼的数量；v：人工鱼的视力范围，即人工鱼的感知距离；δ：拥挤度因子，用来调节鱼群的拥挤度；s：人工鱼的最大移动步长；t：人工鱼觅食最大试探次数；$d = \|xi - xj\|$：人工鱼个体距离。

以寻找目标函数最大值为例，人工鱼群算法中人工鱼寻优的几种行为描述如下。

1. 觅食行为

这即人工鱼总是倾向于沿食物较多的方向游动的行为。觅食行为有如下规则：

1）对于每一条人工鱼

$$xj = xi + \text{rand}() \cdot v$$

随机选定一个新状态 xj，并比照新旧两个状态的目标函数。

2）如果 xj 大于 xi，则该鱼按规则

$$xi' = xi + \text{rand}() \cdot s \cdot \frac{xj - xi}{\|xj - xi\|}$$

向 xj 方向前进一个步长。

3）若反复判断 t 次后仍然无法在附近找到优于现有状态 xi 的新状态，人工鱼将依据规则

$$xi' = xi + \text{rand}() \cdot s$$

随机移动一个步长。

2. 随机行为

这即人工鱼个体在水域中自主随机游动的过程，此过程也是人工鱼自主探索新的食物丰富区域的途径，也就是觅食行为中的 $xi' = xi + \text{rand}() \cdot s$。

3. 聚群行为

人工鱼个体要向人工鱼数量较多的区域聚集，设计人工鱼的聚群行为要遵循两个原则：一是要使人工鱼个体尽量向周围伙伴的中心方向移动；二是要尽量避免鱼群过于拥挤。具体如下：

1）对于每一条人工鱼 xi，搜索其视野内

$$d \leq v$$

的伙伴并统计其数量，记为 nf，并确定其邻近伙伴的中心位置 Xc。

2）判断伙伴所处的中心位置状态，若状态较优且不太拥挤，即

$$\delta Yi \geq \frac{Yc}{nf}$$

则该人工鱼可以向伙伴的中心位置 Xc 前进一步，否则执行觅食行为。

4. 追尾行为

当人工鱼发现其周围伙伴处食物丰富时，会尾随处在最优状态的伙伴，向其所在方向靠近。追尾时，人工鱼将向其视野内适应度最高的个体移动。说明如下：

1）xi 搜索其视野内适应度最高的个体，记为 xj，同时对目标个体 xj 视野内所有个体的数量计数，记为 nj。

2）判断目标个体位置状态 $\frac{Yj}{nf}$，若该位置状态较优且不太拥挤，则 xi 向目标 xj 移动一个步长，否则执行觅食行为。

5.3.2　算法案例

人工鱼群算法的基本运算流程如图 5-16 所示，具体说明如下。

1）初始化设置，包括初始化种群和设置各参数。

2）对每个个体进行评价，对其要执行的行动进行选择，包括聚群、觅食和追尾运算。

3）评价所有个体，选择最好的行为更新鱼群。

4）最优解或达到迭代次数上限时算法结束，否则转至步骤 2。

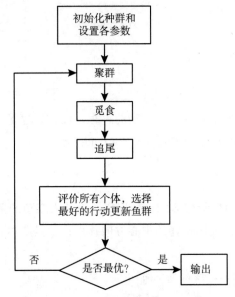

图 5-16　人工鱼群算法的基本运算流程

以二元函数为例用人工鱼群算法进行优化，设函数为 $f(x,y) = x^3 + y^3$，其程序代码如例 5-2 所示，运行结果如图 5-17 所示。

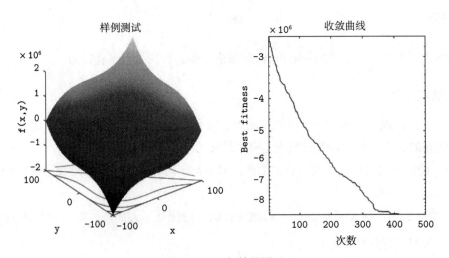

图 5-17　运行结果图示

【例 5-2】人工鱼群算法求二元函数 $f(x,y) = x^3 + y^3$ 极值。

```
% 二元函数求极值
clear all; close all; clc;
v = 25;        % 人工鱼的感知距离
s = 3;         % 人工鱼的最大移动步长
N = 30;             % 人工鱼的数量
```

```
n=10;              % 人工鱼维度
t=50;% 迭代的最大次数
delta=27;          % 拥挤度因子
 % 函数
f=@(x) sum(x.^3);
ub=100;  % 区间上限
lb=-100; % 区间下限
d = [];% 存储目标函数值;
Count = 1;
Max_count = 500;% 迭代次数
 % 初始化种群
x=lb+rand(N,n).*(ub-lb);
% 计算初始状态下的适应度值;
for i = 1:N
    fitness_fish(i) = f(x(i,:));
end
[best_fitness,I] = min(fitness_fish);   % 求出初始状态下的最优适应度;
best_x = x(I,:);                         % 最优人工鱼;
 while Count<=Max_count
    for i = 1:N
        % 聚群行为
        nf_swarm=0;
        Xc=0;
        label_swarm = 0;   % 聚群行为发生标志
        % 确定视野距离内的伙伴数目与中心位置
        for j = 1:N
            if norm(x(j,:)-x(i,:))<v
                nf_swarm = nf_swarm+1;   % 统计在感知距离内的鱼数量
                Xc = Xc+x(j,:);          % 将感知距离内的鱼进行累加
            end
        end
        Xc=Xc-x(i,:); % 需要去除自身;因为在开始计算时,i=j,中心鱼已经计算一次
        nf_swarm=nf_swarm-1;
        Xc = Xc/nf_swarm; % 此时 Xc 表示视野距离其他伙伴的中心位置;
        % 判断中心位置是否拥挤
        if  (f(Xc)/nf_swarm < delta*f(x(i,:))) && (f(Xc)<f(x(i,:)))
            x_swarm=x(i,:)+rand*s.*(Xc-x(i,:))./norm(Xc-x(i,:));
            % 区间处理
            ub_flag=x_swarm>ub;
            lb_flag=x_swarm<lb;

x_swarm=(x_swarm.*(~(ub_flag+lb_flag)))+ub.*ub_flag+lb.*lb_flag;
            x_swarm_fitness=f(x_swarm);
        else
            % 觅食行为
            label_prey =0;       % 判断觅食行为是否找到优于当前的行为
            for j = 1:t
                % 随机搜索一个行为
                x_prey_rand = x(i,:)+v.*(-1+2.*rand(1,n));
                ub_flag2=x_prey_rand>ub;
                lb_flag2=x_prey_rand<lb;
```

```
x_prey_rand=(x_prey_rand.*(~(ub_flag2+lb_flag2)))+ub.*ub_flag2+lb.*lb_flag2;
                        % 判断搜索到的行为是否比原来的好
                        if f(x(i,:))>f(x_prey_rand)
                            x_swarm = x(i,:)+rand*s.*(x_prey_rand-x(i,:))./norm(x_prey_
                                rand-x(i,:));
                            ub_flag2=x_swarm>ub;
                            lb_flag2=x_swarm<lb;

x_swarm=(x_swarm.*(~(ub_flag2+lb_flag2)))+ub.*ub_flag2+lb.*lb_flag2;
                            x_swarm_fitness=f(x_swarm);
                            label_prey =1;
                            break;
                        end
                    end
                    % 随机行为
                    if label_prey==0
                        x_swarm = x(i,:)+s*(-1+2*rand(1,n));
                        ub_flag2=x_swarm>ub;
                        lb_flag2=x_swarm<lb;

x_swarm=(x_swarm.*(~(ub_flag2+lb_flag2)))+ub.*ub_flag2+lb.*lb_flag2;
                        x_swarm_fitness=f(x_swarm);
                    end
                end
                % 追尾行为
                fitness_follow = inf;
                label_follow =0;% 追尾行为发生标记
                % 搜索人工鱼 Xi 视野范围内的最高适应度个体 Xj
                for j = 1:N
                    if (norm(x(j,:)-x(i,:))<v) && (f(x(j,:))<fitness_follow)
                        best_pos = x(j,:);
                        fitness_follow = f(x(j,:));
                    end
                end
                 % 搜索人工鱼 Xj 视野距离内的伙伴数量
                nf_follow=0;
                for j = 1:N
                    if norm(x(j,:)-best_pos)<v
                        nf_follow=nf_follow+1;
                    end
                end
                nf_follow=nf_follow-1;% 去除自身
                % 判断人工鱼 Xj 位置是否拥挤
                if (fitness_follow/nf_follow)<delta*f(x(i,:)) && (fitness_follow<f
                    (x(i,:)))
                    x_follow = x(i,:)+rand*s.*(best_pos-x(i,:))./norm(best_pos-x(i,:));
                     % 边界判定
                    ub_flag2=x_follow>ub;
                    lb_flag2=x_follow<lb;

x_follow=(x_follow.*(~(ub_flag2+lb_flag2)))+ub.*ub_flag2+lb.*lb_flag2;
```

```matlab
            label_follow =1;
            x_follow_fitness=f(x_follow);
        else
            % 觅食行为
            label_prey =0;      % 判断觅食行为是否找到优于当前的行为
            for j = 1:t
                % 随机搜索一个行为
                x_prey_rand = x(i,:)+v.*(-1+2.*rand(1,n));
                ub_flag2=x_prey_rand>ub;
                lb_flag2=x_prey_rand<lb;

x_prey_rand=(x_prey_rand.*(~(ub_flag2+lb_flag2)))+ub.*ub_flag2+lb.*lb_flag2;
                % 判断搜索到的行为是否比原来的好
                if f(x(i,:))>f(x_prey_rand)
                    x_follow = x(i,:)+rand*s.*(x_prey_rand-x(i,:))./norm(x_prey_
                        rand-x(i,:));
                    ub_flag2=x_follow>ub;
                    lb_flag2=x_follow<lb;

x_follow=(x_follow.*(~(ub_flag2+lb_flag2)))+ub.*ub_flag2+lb.*lb_flag2;
                    x_follow_fitness=f(x_follow);
                    label_prey =1;
                    break;
                end
            end
            % 随机行为
            if label_prey==0
                x_follow = x(i,:)+s*(-1+2*rand(1,n));
                ub_flag2=x_follow>ub;
                lb_flag2=x_follow<lb;

x_follow=(x_follow.*(~(ub_flag2+lb_flag2)))+ub.*ub_flag2+lb.*lb_flag2;
                x_follow_fitness=f(x_follow);
            end
        end
        % 两种行为找最优
        if x_follow_fitness<x_swarm_fitness
            x(i,:)=x_follow;
        else
            x(i,:)=x_swarm;
        end
    end
    % 更新信息
    for i = 1:N
        if (f(x(i,:))<best_fitness)
            best_fitness = f(x(i,:));
            best_x = x(i,:);
        end
    end
    Convergence_curve(Count)=best_fitness;
    Count = Count+1;
```

```
    if mod(Count,50)==0
        display(['迭代次数：',num2str(Count),'最优适应度：',num2str(best_fitness)]);
        display(['最优人工鱼：',num2str(best_x)]);
    end
end
 figure('Position',[284   214   660   290])
subplot(1,2,1);
x=-100:1:100; y=x;
L=length(x);
for i=1:L
    for j=1:L
        F(i,j)=x(i).^3+y(j).^3;
    end
end
surfc(x,y,F,'LineStyle','none');
title('样例测试')
xlabel('x');        ylabel('y');
zlabel(['f','(x, y)'])
grid off
subplot(1,2,2);
semilogy(Convergence_curve,'Color','b')
title('收敛曲线')
xlabel('次数');
ylabel('Best fitness');
axis tight; grid off; box on
```

习题

1. 什么是模糊控制？
2. 什么是隶属函数？常用的隶属函数确定方法有哪几种？
3. 遗传算法有哪几个算子？试分别进行说明。
4. 遗传算法中变异算子有什么作用？
5. 人工鱼群算法有哪几种典型的行为？试说明人工鱼群算法的流程。
6. 试以教材内容以外的某种启发式算法为例，说明其流程并进行仿真验证。

第6章　数据挖掘

数据挖掘是从大量的、不完全的、有噪声的、模糊的、随机的数据中，提取隐含在其中的、事先不知道的但又是潜在有用的信息和知识的过程。与数据挖掘相近的同义词包括数据融合、数据分析和决策支持等。数据挖掘主要有数据准备、规律寻找和规律表示三个步骤。数据准备是指从相关的数据源中选取所需的数据并整合成用于数据挖掘的数据集，规律寻找是指用某种方法将数据集所含的规律找出来，规律表示是指尽可能以用户可理解的方式（如可视化）将找出的规律表示出来。数据挖掘的任务有关联分析、聚类分析、分类分析、异常分析、特异群组分析和演变分析等。本章主要介绍 MATLAB 数据挖掘（data mining），主要讲述分类、聚类和关联等任务的一些操作。

6.1　数据挖掘基础

本节主要介绍数据挖掘的基本概念、步骤及任务。

6.1.1　数据挖掘的基本概念

1）信息：事物运动的状态和状态变化的方式。

2）数据：有关事实的集合（如学生档案数据库中有关学生基本情况的各条记录），用来描述事物有关方面的信息。一般而言，这些数据都是准确无误的。数据可能存储在数据库、数据仓库和其他信息资料库中。

3）知识：人们实践经验的结晶且为新的实践所证实；是关于事物运动的状态和状态变化的规律；是对信息加工提炼所获得的抽象化产物。知识的形式可能是模式、关联、变化、异常以及其他有意义的结构。

4）模式：某种事物的标准形式或使人可以照着做的标准样式。

5）类别：对数据集根据属性或特征做一个简洁的总体性描述或者描述它与某一对照数据集的差别等。

6.1.2　数据挖掘的步骤

本书的数据挖掘过程参考 CRISP-DM（Cross Industry Standard Process for Data Mining）模型，步骤主要包括定义问题、建立数据挖掘库、分析数据、准备数据、建立模型、评价模型和实施。具体说明如下。

1）定义问题。在开始知识发现之前最先的也是最重要的要求就是了解数据和业务问题。必须对目标有一个清晰、明确的定义，即决定到底想干什么。比如，想提高电子信箱的利用率时，想做的可能是"提高用户使用率"，也可能是"提高一次用户使用的价值"，要解决这两个问题而建立的模型几乎是完全不同的，必须做出决定。

2）建立数据挖掘库。建立数据挖掘库包括以下几个步骤：数据收集，数据描述，数据选择，数据质量评估和数据清理，数据合并与整合，构建元数据，加载数据挖掘库，维护数据挖掘库。

3）分析数据。分析的目的是找到对预测输出影响最大的数据字段，并决定是否需要定义导出字段。如果数据集包含成百上千的字段，那么浏览分析这些数据将是一件非常耗时和累人的事情，这时需要选择一个具有好的界面和功能强大的工具软件来协助你完成这些事情。

4）准备数据。这是建立模型之前的最后一步数据准备工作。可以把此步骤分为四个部分：选择变量、选择记录、创建新变量、转换变量。

5）建立模型。建立模型是一个反复的过程。需要仔细考察不同的模型以判断哪个模型对于面临的商业问题最有用。先用一部分数据建立模型，然后再用剩下的数据来测试和验证所得到的模型。有时还有第三个数据集，称为验证集，因为测试集可能受模型特性的影响，这时需要一个独立的数据集来验证模型的准确性。训练和测试数据挖掘模型需要把数据至少分成两个部分，一个用于模型训练，另一个用于模型测试。

6）评价模型。模型建立好之后，必须评价得到的结果、解释模型的价值。从测试集中得到的准确率只对用于建立模型的数据有意义。在实际应用中，需要进一步了解错误的类型和由此带来的相关费用。经验证明，有效的模型并不一定是正确的模型。造成这一点的直接原因就是模型建立中隐含的各种假定，因此，直接在现实世界中测试模型很重要。先在小范围内应用，取得测试数据，满意之后再向大范围推广。

7）实施。经验证之后的模型主要有两个用途：一个是提供给分析人员做参考；另一个是把此模型应用到不同的数据集上。

6.1.3 数据挖掘的任务

数据挖掘的任务有分类、聚类、关联分析、偏差检测、时序模式和推荐系统技术等。

1）分类（classification）。分类就是找出一个类别的概念描述，它代表了这类数据的整体信息，即该类的内涵描述，并用这种描述来构造模型。分类利用训练数据集通过一定的算法而求得分类规则，可被用于规则描述和预测等。

2）聚类（clustering）。聚类是把数据按照相似性归纳成若干类别，同一类中的数据彼此相似，不同类中的数据彼此相异。聚类方法包括统计分析方法、机器学习方法、神经网络方法等。

3）关联分析（association analysis）。关联规则挖掘由 Rakesh Agrawal 等人首先提出。

两个或两个以上变量的取值之间存在的规律性称为关联。数据关联是数据库中存在的一类重要的、可被发现的知识。关联分为简单关联、时序关联和因果关联。关联分析的目的是找出数据库中隐藏的关联网。一般用支持度和置信度两个阈值来度量关联规则的相关性，还不断引入兴趣度、相关性等参数，使得所挖掘的关联规则更符合需求。

4）偏差（deviation）检测。在偏差中包括很多有用的知识，数据存在很多异常情况，发现数据库中数据存在的异常情况是非常重要的。例如：分类中的反常实例、模式的例外、观察结果对模型预测的偏差及量值随时间的变化等。

5）时序模式 (time-series pattern)。时序模式是指通过时间序列搜索出的重复发生概率较高的模式。与回归一样，它也是用已知的数据预测未来的值，但这些数据的区别是变量所处时间的不同。

6）推荐系统（Recommendation System，RS）技术。它根据用户的兴趣、行为、情景等信息，把用户最可能感兴趣的内容主动推送给用户。近年来，推荐系统技术得到了长足的发展，不但成为学术研究的热点之一，而且在电子商务、在线广告、社交网络等重要的互联网应用中大显身手。

6.2　分类

分类（classification）是一种很重要的数据挖掘技术，分类的目的是分析输入数据，通过训练集中的数据表现出来的属性特征，为每一个类找到一种准确描述或模型，由此生成的类描述用来对未来的测试数据进行分类。换言之，分类就是通过学习一个目标函数，把每个属性集映射到一个预先定义好的类别上。该目标函数也可以称为分类模型或分类器等。分类可用于提取描述重要数据类的模型或预测未来的数据趋势等。分类是一种有监督学习。

数据的分类过程包括两个阶段：学习阶段（构建分类模型）和分类阶段（使用模型预测给定数据的类标号）。

分类器的性能与所选择的训练集和测试集有着直接关系。一般情况下，先用一部分数据建立模型，然后再用剩下的数据来测试和验证该模型。如果使用相同的训练集和测试集，该模型的准确度就很难使人信服。保持法和交叉验证是两种基于给定数据随机采样划分的、常用的评估分类方法准确率的技术。

6.2.1　分类器性能评估

常用的分类器性能评估指标有准确率、精确率、召回率及 F1_score 函数等，为了说明这些指标，需要先介绍几个常见的模型评价术语，这里假设分类目标只有两类，计为正例（Positive，P）和负例（Negative，N）。

1. 常用术语

1）True Positive（TP）：被正确地划分为正例的个数，即实际为正例且被分类器划分为正例的实例数（样本数）。

2）False Positive（FP）：被错误地划分为正例的个数，即实际为负例但被分类器划分为正例的实例数。

3）False Negative（FN）：被错误地划分为负例的个数，即实际为正例但被分类器划分为负例的实例数。

4）True Negative（TN）：被正确地划分为负例的个数，即实际为负例且被分类器划分为负例的实例数。

2. 常用的分类器性能评估指标

常用的分类器性能评估指标有准确率、精确率、召回率及 F1_score 函数等。

1）准确率（Accuracy）：对于给定的测试集，分类模型正确分类的样本数与总样本数之比，Accuracy =（TP+TN）/(P+N)。通常来说，准确率越高，分类器越好。

2）精确率（Precision）：对于给定测试集的某一个类别，分类模型预测正确的比例，或者说分类模型预测的正样本中有多少是真正的正样本，Precision=TP/（TP+FP）。

3）召回率（Recall）：对于给定测试集的某一个类别，样本中的正类有多少被分类模型预测正确，Recall=TP/(TP+FN)=TP/P。

4）F1_score 函数：在理想情况下，希望模型的精确率越高越好，同时召回率也越高越好，但是，现实情况往往事与愿违，经常出现一个值升高、另一个值降低的情况，为了综合考虑精确率和召回率，就产生了一个 F 值指标。F 值的计算公式为：

$$F = \frac{(\alpha^2 + 1) \times P \times R}{\alpha^2 \times (P + R)}$$

其中，P 表示 Precision，R 表示 Recall，α 表示权重因子。

当 α=1 时，F 值便是 $F1$ 值，代表精确率和召回率的权重是一样的，是最常用的一种评价指标，$F1 = \frac{2 \times P \times R}{P + R}$

6.2.2 k 近邻算法

k 近邻（k-Nearest Neighbor，KNN）算法采用测量不同特征值之间的距离方法进行分类。它的思想很简单：如果一个样本在特征空间中的多个最近邻（最相似）的样本中的大多数都属于某一个类别，则该样本也属于该类别。简单来说，就是距离近的为一类。

1. 算法流程

KNN 算法的核心思想是未标记样本的类别，由距离其最近的 k 个邻居投票来决定。

具体来说，假设我们有一个已标记好的数据集。此时有一个未标记的数据样本，我们的任务是预测出这个数据样本所属的类别。KNN 算法的原理是，计算待标记样本和数据集中每个样本的距离，取距离最近的 k 个样本，待标记的样本所属类别就由这 k 个距离最近的样本投票产生。具体流程如下。

1）初始化训练集和类别。

2）计算测试集样本与训练集样本的距离（一般为欧氏距离）。

3）根据距离大小对训练集样本进行升序排序。

4）选取距离最小的前 k 个训练样本，统计其在各类别中的频率。

5）返回频率最大的类别，即测试集样本属于该类别。

2. 距离

进行数据分类时需要评估不同样本之间的相似性度量（similarity measurement），通常采用的方法就是计算样本间的"距离"（distance）。KNN 算法的核心就在于计算距离，随后按照距离分类，常用的距离计算方法有如下几种。

（1）欧氏距离

欧氏距离（euclidean distance）是基于欧氏空间中两点间（两个向量）的距离公式，设两个点为 $\boldsymbol{x}=\left(x_1,x_2,\cdots,x_n\right)^{\mathrm{T}}$ 和 $\boldsymbol{y}=\left(y_1,y_2,\cdots,y_n\right)^{\mathrm{T}}$，具体如式（6-1）所示：

$$D\left(\boldsymbol{x},\boldsymbol{y}\right)=\sqrt{\sum_{i=1}^{n}\left(x_i-y_i\right)^2} \tag{6-1}$$

（2）明氏距离

明氏距离（minkowski distance）是 n 维实数空间中两点间（两个向量）的距离公式，设两个点为 $\boldsymbol{x}=\left(x_1,x_2,\cdots,x_n\right)^{\mathrm{T}}$ 和 $\boldsymbol{y}=\left(y_1,y_2,\cdots,y_n\right)^{\mathrm{T}}$，具体如式（6-2）所示：

$$D\left(\boldsymbol{x},\boldsymbol{y}\right)=\left(\sum_{i=1}^{n}\left|x_i-y_i\right|^p\right)^{1/p},\ \ p>0 \tag{6-2}$$

当 $p=2$ 时，明氏距离就是欧氏距离。

（3）马氏距离

马氏距离（mahalanobis distance）表示数据的协方差距离，是一种计算两个未知样本集的相似度的有效方法，优点是量纲无关。假设一个均值为 $\boldsymbol{\mu}$、协方差矩阵为 $\boldsymbol{\Sigma}$ 的多变量向量 $\boldsymbol{x}=\left(x_1,x_2,\cdots,x_n\right)^{\mathrm{T}}$，是取自总体 G 的样本，则 $\boldsymbol{x}$ 与 G 的马氏距离如式（6-3）所示：

$$D\left(\boldsymbol{x},G\right)=\sqrt{\left(\boldsymbol{x}-\boldsymbol{\mu}\right)^{\mathrm{T}}\boldsymbol{\Sigma}^{-1}\left(\boldsymbol{x}-\boldsymbol{\mu}\right)} \tag{6-3}$$

当 $\boldsymbol{\Sigma}$ 为单位矩阵时，马氏距离就是欧氏距离。

3. 算法的实现

【例 6-1】KNN 算法示例。

```
clear all; clc;
%X 为标记好的样本集，样本根据样本的平均值分为两类
% 大于平均值的为一类，小于平均值的为另一类
X = [19,8,27,14,13,12,20,30,17,31,35,24,35,50,33,3,32,41,37,6];%本例平均值为 24.35
[r,c] = size(X);
w1 = [27,30,31,35,35,50,33,32,41,37]; %标记好的两类
w2 = [19,8,14,13,12,20,17,24,3,6];
T = 1:40;%选取类的范围里的随机序列，共 40 个数
R = randperm(40);%将 1 至 40 随机数打乱
x = T(R(1)); %x 为待分类的随机数
disp('随机数 x 为:'); disp(num2str(x));
k = 7; %k 为邻居数目 (k 个近邻)
d = zeros(r,c); % 计算距离
for i = 1:c
    d(i)= abs(X(i)-x);
end
% 找出 k 个最小距离
xk = zeros(1,k);%存储最近邻
for i = 1:k
    [di,n] = min(d);%找到最短距离 di 及位置
    xk(i) = X(n);
    d(n) = 40;%为了获得其他的最小值将查询到的最小值赋值为最大值
end
% 判断类别
k1 = 0;%属于 w1 的样本个数
for i = 1:k
    for j = 1:10
        if xk(i)== w1(j)
            k1 = k1+1;
        end
    end
end
k2 = k-k1;%属于 w2 的样本个数
if  k2<k1
    disp('随机数 x 属于 w1 类:'); disp(num2str(w1));
    else
    disp('随机数 x 属于 w2 类:'); disp(num2str(w2));
    end
运行结果为:
随机数 x 为:
32
随机数 x 属于 w1 类:
27  30  31  35  35  50  33  32  41  37
```

6.3 聚类

聚类是从纷繁复杂的数据中，根据最大化类内相似性、最小化类间相似性的原则进行分组，即使得在一个簇内的对象具有高相似度，而不同簇间的对象具有低相似度的过程。

聚类是一种无监督学习方法。

传统的聚类分析计算方法主要有如下几种：基于划分的聚类方法（partitioning clustering method）、基于层次的聚类方法（hierarchical clustering method）、基于密度的聚类方法（density-based clustering method）、基于网格的聚类方法（grid-based clustering method）及基于模型的聚类方法（model-based clustering method）等。

1. 基于划分的聚类方法

给定一个由 n 个对象组成的数据集合，对此数据集合构建 k 个区域（ $k \le n$ ），每个区域代表一个簇，即将数据集合分成多个簇的算法。要求：每个簇至少有一个对象；每个对象必须且仅属于一个簇。典型算法有 k 均值和 k 中心点算法等。

2. 基于层次的聚类方法

基于层次的聚类方法是对给定的数据集合进行层层分解的聚类过程，主要包括凝聚法和分裂法。凝聚法是指起初每个对象被认为是一个簇，然后不断合并相似的簇，直到达到一个令人满意的终止条件；分裂法恰恰相反，先把所有的数据归于一个簇，然后不断分裂彼此相似度最小的数据集，使簇被分裂成更小的簇，直到达到一个令人满意的终止条件。根据簇间距离度量方法的不同，基于层次的聚类方法可分为不同的种类。常用的距离度量方法包括最小距离、最大距离、平均值距离和平均距离等。典型算法有 CURE 算法、CHAMELEON 算法和 BIRCH 算法等。

3. 基于密度的聚类方法

该算法的思想是，只要某簇邻近区域的密度超过设定的某一阈值，则扩大簇的范围，继续聚类。这类算法可以获得任意形状的簇。典型算法有 DBSCAN 算法、OPTICS 算法和 DENCLUE 算法等。

4. 基于网格的聚类方法

该算法将问题空间量化为有限数目的单元，形成一个空间网格结构，随后聚类在这些网格之间进行，这类算法速度较快。典型算法有 STING 算法、WareCluster 算法和 CLIQUE 算法等。

5. 基于模型的聚类方法

该算法为每个簇假定一个模型，寻找数据对给定模型的最佳拟合。所基于的假设是：数据是根据潜在的概率分布生成的。典型算法有 Cobweb 和神经网络算法等。

6.3.1　聚类过程

聚类过程一般包括数据准备、特征选择、特征提取、聚类（或分组）及聚类结果评估等，具体说明如下。

- 数据准备：包括特征归一化和降维。
- 特征选择：从最初的特征中选择最有效的特征，并将其存储于向量中。
- 特征提取：通过对所选择的特征进行转换形成新的突出特征。
- 聚类（或分组）：首先选择合适特征类型的某种距离函数（或构造新的距离函数）进行接近程度的度量，而后执行聚类或分组。
- 聚类结果评估：对聚类结果进行评估，主要包括外部有效性评估、内部有效性评估和相关性测试评估。

6.3.2 k 均值聚类算法

1. 算法流程

k 均值（k-means）是聚类中最常用的方法之一，基于点与点之间的距离的相似度来计算最佳类别归属。k-means 算法通过试着将样本分离到 k 个方差相等的组中来对数据进行聚类，从而最小化目标函数。其算法流程如下。

1）从 n 个样本数据中随机选取 k 个质心作为初始的聚类中心。

2）定义目标函数。

3）将剩余的 $n-k$ 个数据按照一定的距离函数划分到最近的簇，得到 k 个簇。

4）对于每个簇，计算所有被分到该簇的样本点的平均距离作为新的质心。

5）重新将 n 个数据按照一定的距离函数划分到最近的簇。

6）直到簇质心不再发生变化即停止。

2. 算法的实现

【例 6-2】k 均值算法示例。

```
clear;clc;
data=[randn(100,2)*0.75+ones(100,2);randn(100,2)*0.5-ones(100,2)];% 随机数据
figure; subplot(1,2,1),subimage(I);
plot(data(:,1),data(:,2),'.'); title(' 原图 ');
[m,n] = size(data); % 数据的维度
idx = zeros(m,1); % 聚类索引
k = 2; % 聚类数量
center = randi(m,k,1);    % 任选聚类中心
center = data(center,:);
 while true
        nwe_center = zeros(k,n); % 新聚类中心
    for i = 1:k
       d(:,i)= sqrt(sum((data-center(i,:)).^2,2));
    end
      [~,idx] = min(d,[],2);% 根据每个点到聚类中心的距离选取最小值进行分类
    N = 0;
        for j = 1:k % 循环聚类个数
```

```
    temp = data(idx==j,:); % 寻找满足聚类索引值的点
    new_center(j,:)= sum(temp); % 计算当前聚类点的坐标总和
    new_center(j,:)= new_center(j,:)/length(temp(:,1)); % 计算当前聚类点的坐标平均值
    if norm(new_center(j,:)-center(j,:))<0.1 % 判断新的中心点和原始的中心点的差别大
        小,满足条件则聚类
            N=N+1; % 如果满足阈值条件,则聚类符合,个数加 1
        end
    end
    if N==k
        break
    else % 不满足聚类个数,则更新中心点(偏移中心点),进行新的迭代
        center = new_center;
    end
end
 figure; subplot(1,2,2);
plot(data(idx==1,1),data(idx==1,2),'b.');hold on;
plot(data(idx==2,1),data(idx==2,2),'r.');grid on;
plot(center(:,1),center(:,2),'k*','MarkerSize',20,'LineWidth',2)
title(' 聚类图 ');
```

运行结果如图 6-1 所示。

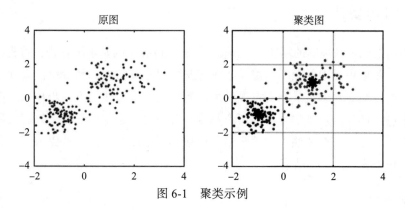

图 6-1　聚类示例

6.4　关联

6.4.1　关联规则简介

　　网购时在手机上点着点着发现你想买的东西正好在搜索框的推荐项,刷抖音时,总是容易刷到自己比较感兴趣的领域,比如搞笑视频、游戏、新闻和电影等。你是否在疑惑:这些都是怎么实现的呢?这就运用到了关联规则。

　　关联规则最初是为了解决购物篮问题而产生的。购物篮分析(market basket analysis)源自 20 世纪 90 年代,大概是 1993 年,Agrawal 等人第一次提出了关联规则的概念。在超市里,有一个有趣的现象——把尿布和啤酒赫然摆在一起出售,但这个奇怪的举措却使尿布和啤酒的销量双双增加。这不是一则笑话,而是发生在美国沃尔玛超市的真实案例,并

一直为商家所津津乐道。

所谓关联是指两个或两个以上变量的取值之间存在的规律性。数据关联是数据库中存在的一类重要的、可被发现的知识。关联规则及相关概念说明如下。

1）关联规则：形如 A → B 的蕴含表达式，其中 A 和 B 是不相交的项集，表示 A 与 B 关联（可理解为：买了 A 后会买 B）。

2）关联规则衡量：支持度和置信度。

3）支持度（support）：表示规则出现的频率（概率）。A==>B 的支持度就是指物品集 A 和物品集 B 同时出现的概率。

4）置信度（confidence）：A → B，是确定 B 在包含 A 事件中出现的频繁程度（条件概率），也叫可信度。

5）频繁项集（frequent item set）：在关联规则挖掘中，满足一定最小置信度以及支持度的集合。

6）关联规则挖掘步骤：第一步首先从数据集合中找出所有的高频项目组；第二步由这些高频项目组产生关联规则。

6.4.2　Apriori 算法

最常用的挖掘关联规则的算法是 Apriori 算法，该算法的基本思想是：首先找出所有的频繁项集，这些项集出现的频率不能少于预定义的最小支持度；然后由频繁项集产生强关联规则，这些规则必须满足最小支持度和最小置信度；然后使用第一步找到的频繁项集产生期望的规则，产生只包含集合项的所有规则，其中每一条规则的右部只有一项，一旦这些规则被生成，那么只有那些大于用户给定的最小置信度的规则才被保留下来；最后再递推生成所有频繁项集，直到结束。

1. 基本原理

1）如果一个项集是频繁项集，那么它的子集（非空）就一定是频繁项集。

2）如果一个项集（非空）是非频繁项集，则其所有父集也是非频繁项集。

2. 算法流程

如图 6-2 所示，Apriori 算法的流程如下。

1）检索数据集，从数据集 D 中生成 k 项集 C_k（k 从 1 开始）。

2）计算 C_k 中每个项集的支持度，删除低于阈值的项集，构成频繁项集 L_k。

3）将频繁项集 L 中的元素进行组合，生成候选 $K+1$ 项集 C。

4）重复步骤 2 和步骤 3，直到满足以下两个条件之一，算法才结束。条件一为频繁项集无法组合生成候选 $k+1$ 项集；条件二为所有候选 k 项集支持度都低于指定阈值（最小支持度），无法生成频繁 k 项集。

总之，由频繁项集生成关联规则，再分别计算置信度，仅保留符合最小置信度的关联规则。

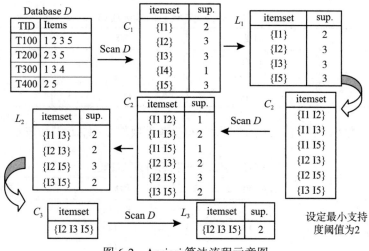

图 6-2　Apriori算法流程示意图

3.算法案例

用 Apriori 算法走一遍关联规则的流程（本例预定义的最小支持度阈值为 2），表 6-1 是某交易数据列表，9 个顾客分别买了不同的商品（假定 I1 表示方便面，I2 表示矿泉水，I3 表示饮料，I4 表示牛奶，I5 表示香肠）。

表 6-1　某交易数据列表

交易号	项集	交易号	项集
T100	{I1, I2, I5}	T600	{I2, I3}
T200	{I2, I4}	T700	{I1, I3}
T300	{I2, I3}	T800	{I1, I2, I3, I5}
T400	{I1, I2, I4}	T900	{I1, I2, I3}
T500	{I1, I3}		

首先进行第一次迭代，扫描所有的事物，对每个项进行计数得到候选项集，得到如表 6-2 所示的结果，记为 C_1。

然后对支持度计数和支持度的阈值进行比较，剔除小于支持度阈值的项集，显而易见，在本例中 C_1 的项集都达到了阈值。得出频繁项集如表 6-3 所示，记作 L_1。

表 6-2　第一次迭代后的候选项集

项集	支持度计数
{I1}	6
{I2}	7
{I3}	6
{I4}	2
{I5}	2

表 6-3　第一次迭代后的频繁项集

项集	支持度计数
{I1}	6
{I2}	7
{I3}	6
{I4}	2
{I5}	2

接下来进行第二次迭代，得到频繁项集 2，所以要使用连接来产生候选项集 2，如表 6-4 所示。

表 6-4　第二次迭代后的候选项集

项集	项集	项集	项集
{I1, I2}	{I1, I5}	{I2, I5}	{I4, I5}
{I1, I3}	{I2, I3}	{I3, I4}	
{I1, I4}	{I2, I4}	{I3, I5}	

将支持度计数小于阈值 2 的全部剔除，得出频繁项集 2，即 L_2，如表 6-5 所示。

表 6-5　第二次迭代后的频繁项集

项集	支持度计数	项集	支持度计数
{I1, I2}	4	{I2, I3}	4
{I1, I3}	4	{I2, I4}	2
{I1, I5}	2	{I2, I5}	2

对 L_2 进行连接和剪枝，产生 C_3，即最终结果，如表 6-6 所示。

现在以 X={I1, I2, I5} 为例，输出关联规则。X 的非空子集为 {I1, I2}、{I1, I5}、{I2, I5}、{I1}、{I2}、{I5}。所以组合一下关联规则，如式（6-4）~式（6-9）所示。

表 6-6　第三次迭代后的候选项集

项集
{I1, I2, I3}
{I1, I2, I5}

$$\{I1, I2\} \Rightarrow I5，\ confidence = 2/4 = 50\% \tag{6-4}$$

$$\{I1, I5\} \Rightarrow I2，\ confidence = 2/2 = 100\% \tag{6-5}$$

$$\{I2, I5\} \Rightarrow I1，\ confidence = 2/2 = 100\% \tag{6-6}$$

$$I1 \Rightarrow \{I2, I5\}，\ confidence = 2/6 = 33\% \tag{6-7}$$

$$I2 \Rightarrow \{I1, I5\}，\ confidence = 2/7 = 29\% \tag{6-8}$$

$$I5 \Rightarrow \{I1, I2\}，\ confidence = 2/2 = 100\% \tag{6-9}$$

根据上文提到的式（6-2）来计算置信度，以 $\{I1, I2\} \Rightarrow I5$ 为例。

$$confidence = P\left(I5 \middle| \{I1, I2\}\right) = suppor\_count\left(\{I1, I2, I5\}\right) / suppor\_count\left(\{I1, I2\}\right)$$

通过查找 L_3，{I1, I2, I5} 的支持度计数为 2，通过查找 L_2，{I1, I2} 的支持度计数为 4，即最终可以计算出 confidence = 2/4 = 50%。剩下的以此类推，假定预定义 70% 的置信度。在这些规则中，我们可以输出强关联规则的只有三个，即三个 100% 置信度的规则。那么可以得到买方便面和香肠的一定会买矿泉水、买矿泉水和香肠的一定会买方便面、买香肠的一定会买方便面和矿泉水这三个关联规则。

到此为止，用 Apriori 算法实现关联规则挖掘的流程全部结束，可以看出，Apriori 算法要生成大量的候选项集，每生成频繁项集都要生成候选项集，其次要一直迭代事物数据来计算支持度，所以该算法的效率比较低。

Apriori 算法有很多其他的变形优化，如 PARTITION 算法（A.Savasere 等提出）、Sampling 算法（H.Toivonen 等提出）及 FP-growth 算法（Jiawei Han 提出）等。

4. 算法的实现

【例 6-3】对表 6-1 中的数据采用 Apriori 关联规则示例。

```matlab
clear; clc;
data=[ 1    1    0    0    1
       0    1    0    1    0
       0    1    1    0    0
       1    1    0    1    0
       1    0    1    0    0
       0    1    1    0    0
       1    0    1    0    0
       1    1    1    0    1
       1    1    1    0    0];
GivenSupport=input('请输入支持度（正整数，示例为2):'); % 设定的支持度
GivenConfidence=input('请输入置信度（[0,1]的小数，示例为1):');% 设定的置信度
[n,m]=size(data);
for i=1:n
   x{i}=find(data(i,:)==1); % 求每行购买商品的编号
end
k=0;
while 1
   k=k+1;
   L{k}={};
   % 生成候选集 C{k}
   if k==1
   C{k}=(1:m)';
   else
   [nL,mL]=size(L{k-1});
   cnt=0;
   for i=1:nL
           for j=i+1:nL
                   tmp=union(L{k-1}(i,:),L{k-1}(j,:)); % 两个集合的并集
                   if length(tmp)==k
                           cnt=cnt+1;
                           C{k}(cnt,1:k)=tmp;
                   end
           end
   end
   C{k}=unique(C{k},'rows'); % 去掉重复的行
   end

   % 求候选集的支持度 C_sup{k}
   [nC,mC]=size(C{k}); % 候选集大小
   for i=1:nC
```

```
    cnt=0;
    for j=1:n
            if all(ismember(C{k}(i,:),x{j}),2)==1% 按行判断向量是否全为 1
                    cnt=cnt+1;
            end
    end
    C_sup{k}(i,1)=cnt; % 每行保存候选集对应的支持度
    end
    % 求频繁项集 L{k}
    L{k}=C{k}(C_sup{k}>=GivenSupport,:);
    if isempty(L{k})% 这次没有找出频繁项集
    break;
    end
    if size(L{k},1)==1 % 若频繁项集行数为 1，下一次无法生成候选集，直接结束
    k=k+1;
    C{k}={};
    L{k}={};
    break
    end
end
fprintf("\n");
for i=1:k
    fprintf(" 第 %d 轮的候选集为 :",i); C{i}
    fprintf(" 第 %d 轮的频繁集为 :",i); L{i}
end
fprintf(" 第 %d 轮结束，最大频繁项集为 :",k); L{k-1}
[nL,mL]=size(L{k-1});
rule_count=0;
for p=1:nL % 第 p 个频繁集
    L_last=L{k-1}(p,:);% 之后将 L_last 分成左右两个部分，表示规则的前件和后件
    % 求 ab 一起出现的次数 cnt_ab
    cnt_ab=0;
    for i=1:n
    if all(ismember(L_last,x{i}),2)==1 % all 函数判断向量是否全为 1，参数 2 表示按行判断
            cnt_ab=cnt_ab+1;
    end
    end
    len=floor(length(L_last)/2);
    for i=1:len
    s=nchoosek(L_last,i); % 选 i 个数的所有组合
    [ns,ms]=size(s);
    for j=1:ns
            a=s(j,:);
            b=setdiff(L_last,a);
            [na,ma]=size(a);
            [nb,mb]=size(b);
            % 关联规则 a->b
            cnt_a=0;
            for i=1:na
                    for j=1:n
                            if all(ismember(a,x{j}),2)==1% 按行判断向量是否全为 1
```

```
                            cnt_a=cnt_a+1;
                    end
                end
        end
        pab=cnt_ab/cnt_a;
        if pab>=GivenConfidence % 置信度大于等于设定置信度是强关联规则
                rule_count=rule_count+1;
                rule(rule_count,1:ma)=a;
                rule(rule_count,ma+1:ma+mb)=b;
                rule(rule_count,ma+mb+1)=ma; % 倒数第二列记录分割位置（分成规则的前
                                               件、后件）
                rule(rule_count,ma+mb+2)=pab;% 倒数第一列记录置信度
        end
        % 关联规则 b->a
        cnt_b=0;
        for i=1:nb
                for j=1:n
                        if all(ismember(b,x{j}),2)==1% 按行判断向量是否全为1
                                cnt_b=cnt_b+1;
                        end
                end
        end
        pba=cnt_ab/cnt_b;
        if pba>=GivenConfidence % 置信度大于等于设定置信度是强关联规则
                rule_count=rule_count+1;
                rule(rule_count,1:mb)=b;
                rule(rule_count,mb+1:mb+ma)=a;
                rule(rule_count,mb+ma+1)=mb; % 倒数第二列记录分割位置（分成规则的前
                                               件、后件）
                rule(rule_count,mb+ma+2)=pba; % 倒数第一列记录置信度
        end
      end
    end
  end
end
fprintf(" 当设定支持度为 %d, 设定置信度为 %.2f 时, 生成的强关联规则为: \n",GivenSupport,
    GivenConfidence);
fprintf(" 强关联规则 \t\t 置信度 \n");
[nr,mr]=size(rule);
for i=1:nr
  pos=rule(i,mr-1); % 断开位置, 1:pos 为规则前件, pos+1:mr-2 为规则后件
  for j=1:pos
    if j==pos
        fprintf("%d",rule(i,j));
    else
        fprintf("%d ∧ ",rule(i,j));
    end
  end
  fprintf(" => ");
  for j=pos+1:mr-2
    if j==mr-2
        fprintf("%d",rule(i,j));
```

```
        else
            fprintf("%d ∧ ",rule(i,j));
        end
    end
    fprintf("\t\t%f\n",rule(i,mr));
end
```

运行结果为:

请输入支持度(正整数,示例为2):2
请输入置信度([0,1]的小数,示例为1):1
第1轮的候选集为:
ans =

     1
     2
     3
     4
     5

第1轮的频繁集为:
ans =

     1
     2
     3
     4
     5

第2轮的候选集为:
ans =

     1   2
     1   3
     1   4
     1   5
     2   3
     2   4
     2   5
     3   4
     3   5
     4   5

第2轮的频繁集为:
ans =

     1   2
     1   3
     1   5
     2   3
     2   4
     2   5

第3轮的候选集为:
ans =

     1   2   3
     1   2   4
     1   2   5
     1   3   5
```
```

```
        2        3        4
        2        3        5
        2        4        5
```
第 3 轮的频繁集为：
```
ans =

        1        2        3
        1        2        5
```
第 4 轮的候选集为：
```
ans =

        1        2        3        5
```
第 4 轮的频繁集为：
```
ans =

    空的 0×4 double 矩阵
```
第 4 轮结束，最大频繁项集为：
```
ans =

        1        2        3
        1        2        5
```
当设定支持度为 2，设定置信度为 1.00 时，生成的强关联规则为：

强关联规则	置信度
2 ∧ 5 => 1	1.000000
1 ∧ 5 => 2	1.000000
5 => 1 ∧ 2	1.000000

习题

1. 试简单说明数据挖掘有哪些过程及任务。
2. 请说明数据分类有哪些过程及评价指标。
3. 传统的聚类方法有几种？聚类过程有哪些？
4. 关联算法有哪些步骤？

第7章　图像处理

本章主要介绍 MATLAB 图像处理的一些操作。MATLAB 对图像的处理功能主要集中在图像处理工具箱（image processing toolbox），该工具箱由一系列支持图像处理操作的函数组成，可以实现图像的几何操作、线性滤波和滤波器设计、图像变换、图像分割与图像增强等。

7.1　图像处理基础

本节将介绍数字图像处理的一些基础知识。

7.1.1　数字图像的基本概念

1）图像表示方法。图像在计算机处理中，图像表示成一个二维实数矩阵 $f(x, y)$，如式（7-1）所示，也称为图像在那个像素的灰度或亮度，对 double 类型的图像来说，0.0 为黑色，1.0 为白色；对于 uint8 类型的图像来说，0 为黑色，255 为白色。

$$F = \begin{bmatrix} f(0,0) & f(0,1) & \cdots & f(0,n-1) \\ f(1,0) & f(1,1) & \cdots & f(1,n-1) \\ \cdots & \cdots & \cdots & \cdots \\ f(m-1,0) & f(m-1,1) & \cdots & f(m-1,n-1) \end{bmatrix} \quad (7\text{-}1)$$

式（7-1）表示一幅 $m \times n$ 的数字图像，数字图像中的每个像素（pixel）都对应于矩阵中相应的元素。数字图像表示成矩阵的优点在于，能应用矩阵理论对图像进行分析处理。

图像具体有如下几种表示形式：

- 二值化图像：像素灰度只有两级，是一比特图像（一个像素为 1 比特），灰度值为 0（黑色）或 1（白色）。
- 灰度图像：每个像素由一个量化灰度来描述，没有彩色信息，为 8 比特图像（一个像素为 8 比特），灰度值范围为 0~255。
- 彩色图像：每个像素由红、绿、蓝（分别用 R、G、B 表示）三原色构成的图像，其中 R、G、B 是由不同的灰度级描述的，为 24 比特图像（RGB 各有 8 比特），并且有第四通道，提供每个像素透明度的数值。
- 索引图像：像素值直接作为 RGB 调色板下标的图像，为 24 比特图像，每个像素给出索引和索引所指的彩色调色板中的元素 RGB 的值。

2）图像最常见的数字编码有两种：位图和矢量。

3）图像拓扑：图像中各个像素之间的相对位置关系，包括像素之间的距离、连通性以及位置关系等信息。

4）邻域：相邻像素关系，如 4-邻域、8-邻域和对角邻域等。

5）连通性：指任意两个像素点之间的连通关系，需要满足如下两个条件。

● 两个像素的位置是否相邻（是 4-邻域、8-领域，还是对角邻域）。

● 两个像素的颜色值或者灰度值是否满足特定的相似性准则（例如：颜色值相等或相似）。

6）像素间距离。

通常通过直接计算像素坐标，如点 $p(x, y)$ 和 $q(s, t)$ 之间的距离来衡量两个像素之间的距离。离散化数字图像有几路不同的距离量度方法，具体说明如下。

● 欧氏距离：直接根据坐标位置计算二维平面上的距离，欧氏距离（也是范数为 2 的距离）定义为：

$$D_E(p,q) = \sqrt{(x-s)^2 + (y-t)^2}$$

● D4 距离：点 p 和点 q 之间的 D4 距离（也是范数为 1 的距离），也称为城区距离，定义为：

$$D_4(p,q) = |x-s| + |y-t|$$

● D8 距离：在 X 和 Y 两个方向上只取距离最长的一个坐标差，也称为棋盘距离。

$$D_8(p,q) = \max(|x-s|, |y-t|)$$

7.1.2　图像类型及转换

1. dither 命令

功能：转换图像，通过抖动提高表观颜色分辨率。

格式：BW=dither(I)

2. gray2ind 命令

功能：灰度图像转换成二值图像或索引图像。

格式：[X,map]=gray2ind(I,n); [X,map]=gray2ind(BW,n)

3. grayslice 命令

功能：设定阈值将灰度图像转换成索引图像。

格式：X=grayslice(I,n)

4. im2bw 命令

功能：设定阈值将真彩色、索引色、灰度图像转换成二值图像。

格式：BW=im2bw(I,level)

5. ind2gray 命令

功能：将索引色图像转换成灰度图像。

格式：I=ind2gray(X,map)

6. ind2rgb 命令

功能：将索引色图像转换成真彩色图像。

格式：RGB=ind2rgb(X,map)

7. mat2gray 命令

功能：将数值矩阵转换成灰度图像。

格式：I=mat2gray(A)

【例 7-1】图像类型转换。

```
clear;clc;
I=imread('sample7_1.jpg');%图像读入
figure;subplot(2,2,1),subimage(I);title('原图');
[X,map]=rgb2ind(I,16);%转换成索引图
subplot(2,2,2),subimage(X,map);title('索引图');
BW=im2bw(I);%转换成二值图
subplot(2,2,3),subimage(BW);title('二值图');
I=rgb2gray(I);%转换成灰度图
subplot(2,2,4),subimage(BW);title('灰度图');
```

运行结果如图 7-1 所示。

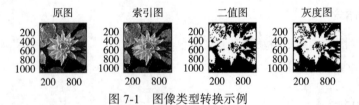

图 7-1 图像类型转换示例

7.1.3 图像的读取和显示

1. imfinfo 命令

功能：图像文件信息查询。

格式：info=imfinfo(FILENAME)

2. imread 命令

功能：图像读取。

格式：A=imread(FILENAME,FMT)

3. imwrite 命令

功能：图像的写入。

格式：imwrite(A,FILENAME,FMT)

4. imshow 命令

功能：图像的显示。

格式：imshow(I,[low high])

5. im2bw 命令

功能：图像的格式转换，阈值法从灰度图、RGB 图创建二值图。类似命令还有 rgb2gray，im2uint8 及 im2double 等。

格式：im2bw(I,LEVEL)

7.2 图像变换

7.2.1 图像几何变换

1. strel 命令

功能：创建形态学结构元素。

格式：SE=strel(shape,parameters)

2. imtranslate 命令

功能：图像向 y 和 x 方向平移。

格式：SE=imtranslate(SE,[y x])

3. imtransform 命令

功能：图像进行二维空间变换。

格式：B=imtransform(A,TFORM,method)

4. imrotate 命令

功能：图像中心旋转。

5. bwlabel 命令

功能：连通分量提取。

格式：`[L num] =bwlabel(Ibw,conn)`

【例7-3】图像形态学操作。

```
clear; clc;
I = imread('sample7_1.jpg');
se = strel('square', 20);
I1 = imerode(I, se);
I2 = imdilate(I, se);
I3 = imclose(I, se);
subplot(2, 2, 1), imshow(I), title('原图');
subplot(2, 2, 2), imshow(I1), title('腐蚀运算');
subplot(2, 2, 3), imshow(I2), title('膨胀运算');
subplot(2, 2, 4), imshow(I3), title('闭运算');
```

运行结果如图7-3所示。

图 7-3   图像形态学处理示例

7.3   图像增强

7.3.1   图像的点运算

1. imhist 命令

功能：灰度直方图。

格式：`imhist(I)`

灰度直方图描述图像各个灰度级的统计特性，是图像灰度值的函数，用于统计图像中各个灰度级出现的次数或概率。归一化处理后的直方图可以直接反映不同灰度级出现的比率，横坐标为图像中各个像素点的灰度级别，纵坐标表示具有各个灰度级别的像素在图像中出现的次数或概率。

2. imadjust 命令

功能：灰度变换。

格式：J=imadjust(I)

3. histeq 命令

功能：直方图均衡化。

格式：[J,T]=histeq(I)

【例 7-4】灰度直方图。

```
I=imread('sample7_1.jpg');% 图像读入
figure;% 新建窗口
[M,N]=size(I);% 图像大小
[counts,x]=imhist(I,64);%具有 64 个小区间的灰度直方图
counts=counts/M/N;%归一化灰度直方图各区间的值
stem(x,counts);% 绘归一化直方图
```

运行结果如图 7-4 所示。

a）原图

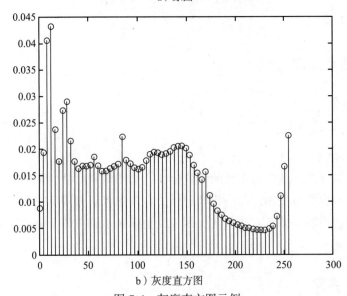

b）灰度直方图

图 7-4　灰度直方图示例

7.3.2　图像空间域增强

1. imnoise 命令

功能：图像空间域添加噪声。
格式：h=imnoise(I,type,parameters)

2. imfilter 命令

功能：图像空间域滤波。
格式：B=imfilter(f,w,option1,option2,…)

3. fspecial 命令

功能：图像空间域滤波器设计。
格式：h=fspecial(type,parameters)

4. medfilt2 命令

功能：图像空间域中值滤波。
格式：h=medfilt2(I1,[m,n])

5. 图像锐化

图像锐化主要用于增强图像的灰度跳变部分，主要通过运算导数（梯度）或有限差分来实现。主要方法有：Robert 交叉梯度、Sobel 梯度、拉普拉斯算子、高提升滤波、高斯 - 拉普拉斯变换等。

【例 7-5】图像空间域添加噪声。

```
I= imread('sample7_1.jpg');% 图像读入
J1 = imnoise(I,'gauss',0.03); % 添加高斯噪声
subplot(1,2,1); imshow(J1);title(' 添加高斯噪声后的图像 ');
J2 = imnoise(I,'salt & pepper',0.03); %( 注意空格 )% 添加椒盐噪声
subplot(1,2,2); imshow(J2);title(' 添加椒盐噪声后的图像 ');
```

运行结果如图 7-5 所示。

添加高斯噪声后的图像　　　　　添加椒盐噪声后的图像

图 7-5　图像空间域添加噪声后的示例

【例 7-6】图像锐化。

```
clear; clc;
I= imread('sample7_1.jpg');%图像读入
% 基于 Robert 交叉梯度的图像锐化
I1=double(I); % 双精度化
w1=[-1,0;0,1];
w2=[0,-1;1,0];
G1=imfilter(I1,w1,'corr','replicate');%以重复方式填充边缘
G2=imfilter(I1,w2,'corr','replicate');%以重复方式填充边缘
G=abs(G1)+abs(G2);%计算 Robert 梯度
%subplot(121); imshow(I);title(' 原图像 ');
subplot(121); imshow(G,[]);title('Robert 交叉梯度的锐化图像 ');
%subplot(223); imshow(abs(G1),[]);title(' 对 G1 取绝对值后的图像 ');
%subplot(224); imshow(abs(G2),[]);title(' 对 G2 取绝对值后的图像 ');
% 基于 Sobel 梯度的图像锐化
I1=double(I); % 双精度化
w1=[-1,-2,-1;0,0,0;1,2,1];%得到水平 Sobel 模板
w2=w1';%转置得到垂直 Sobel 模板
G1=imfilter(I1,w1,'corr','replicate');%水平 Sobel 梯度以重复方式填充边缘
G2=imfilter(I1,w2,'corr','replicate');%垂直 Sobel 梯度以重复方式填充边缘
G=abs(G1)+abs(G2);%计算 Sobel 梯度
subplot(122); imshow(G,[]);title('Sobel 梯度的锐化图像 ');
```

运行结果如图 7-6 所示。

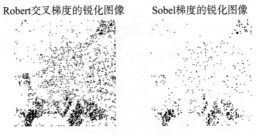

图 7-6   图像锐化后的示例

7.3.3   图像频域增强

图像频域增强一般是将图像通过傅里叶变换从空间域转换成频域，再在频域中进行图像处理，然后通过傅里叶反变换将图像从频域转回空间域，主要有低通滤波和高通滤波等。设 $F(u,v)$ 为原始图像的傅里叶变换，$H(u,v)$ 为滤波器变换函数，则图像的频域 $G(u,v)$ 为：$G(u,v)=F(u,v)\times H(u,v)$。

1. fft2 命令

功能：快速傅里叶变换。

格式：`I=fft2(x)`

2. fftshift 命令

功能：频谱平移。

格式：`Y=fftshift(I)`

3. ifft2 命令

功能：快速傅里叶逆变换。

格式：`I=ifft2(x)`

【例 7-7】低通滤波器。

```
% 对于大小为 M×N 的图像，频度点与频域中心的距离为 D，其表达式为 D(u,v)=sqrt[(u-M/2)^2+(v-N/2)^2]
clear; clc;
I= imread('sample7_1.jpg');% 图像读入
I=rgb2gray(I);
I1=double(I); % 双精度化
M=2*size(I1, 1); % 长度乘 2
N=2*size(I1, 2);
u=-M/2: (M/2-1); % u 方向的长度
v=-N/2:(N/2-1);
[U, V] = meshgrid(u, v); % 建立风格，计算距离
D= sqrt(U.^2+V.^2); % D 矩阵，为与原点的距离
D0= 75;
H= double(D<=D0);% 小于等于 D0 为 1，大于 D0 为 0
J = fftshift(fft2(I1, size(H,1), size(H, 2)));% 转换成频域进行平移，再转换成 H 大小相等的数据
K=J.*H; % 频域内滤波
L= ifft2(ifftshift(K));% 反傅里叶变换
L = L(1: size(I1,1), 1: size(I1, 2));% 转换成与原图同样大小
figure
subplot(121), imshow(I);
subplot(122), imshow(L);
```

运行结果如图 7-7 所示。

原图的灰度图像　　　　　　　低通滤波后的灰度图像

图 7-7　图像低通滤波后的示例

7.4 图像分割

图像分割一般采用的方法有边缘检测、边界跟踪、区域生长、区域分离和聚合等。图像分割算法一般基于图像灰度值的不连续性或其相似性。不连续性是基于图像灰度的不连续变化分割图像，如针对图像的边缘有边缘检测、边界跟踪等算法。相似性是依据事先制定的准则将图像分割为相似的区域，如阈值分割、区域生长等。

7.4.1 边缘检测

图像的边缘点是指图像中周围像素灰度有阶跃变化或屋顶变化的那些像素点，即灰度值导数较大或极大的地方。边缘检测（edge detection）可以大幅减少数据量，并且剔除不相关信息，保留图像重要的结构属性。边缘检测基本步骤包括：平滑滤波、锐化滤波、边缘判定、边缘连接。

1. edge(I,type,thresh,direction,'nothinning') 命令

功能：基于梯度算子的边缘检测。

格式：BW=edge(I,type,thresh,direction,'nothinning')

其合法值如表 7-1 所示。

thresh 是敏感度阈值参数，任何灰度值低于此阈值的边缘将不会被检测到。默认值为空矩阵 []，此时算法自动计算阈值。

direction 指定了我们感兴趣的边缘方向，edge 函数将只检测 direction 中指定方向的边缘，其合法值如表 7-2 所示。

表 7-1 type 合法值

type 合法值	梯度算子
'sobel'	Sobel 算子
'prewitt'	Prewitt 算子
'roberts'	Roberts 算子

表 7-2 direction 合法值

direction 合法值	边缘方向
'horizontal'	水平方向
'vertical'	垂直方向
'both'	所有方向

指定可选参数 'nothinning' 时，可以通过跳过边缘细化算法来加快算法运行的速度。默认是 'thinning'，即进行边缘细化。

2. edge(I, 'log', thresh, sigma) 命令

功能：基于高斯 - 拉普拉斯算子的边缘检测。

格式：BW=edge(I,'log',thresh,sigma)

sigma 指定生成高斯滤波器所使用的标准差。默认时，标准差为 2。滤镜大小 n*n，n 的计算方法为：n=ceil(sigma*3)*2+1。

3. edge(I,'canny', thresh,sigma) 命令

功能：基于 Canny 算子的边缘检测。

格式：`BW=edge(I,'canny',thresh,sigma)`

thresh 是敏感度阈值参数，默认值为空矩阵 []。此处为一列向量，为算法指定阈值的上下限。第一个元素为阈值下限，第二个元素为阈值上限。如果只指定一个阈值元素，则默认此元素为阈值上限，其 0.4 倍的值作为阈值下限。如阈值参数没有指定，则算法自行确定敏感度阈值上下限。

4. 说明

- 边缘定位精度方面。Roberts 算子和 Log 算子定位精度较高。Roberts 算子简单直观，Log 算子利用二阶导数零交叉特性检测边缘。但 Log 算子只能获得边缘位置信息，不能得到边缘方向信息。
- 边缘方向的敏感性：Sobel 算子、Prewitt 算子检测斜向阶跃边缘效果较好，Roberts 算子检测水平和垂直边缘效果较好。Log 算子不具有边缘方向检测功能。Sobel 算子能提供最精确的边缘方向估计。
- 去噪能力：Roberts 算子和 Log 算子虽然定位精度高，但受噪声影响大。Sobel 算子和 Prewitt 算子模板相对较大因而去噪能力较强，具有平滑作用，能滤除一些噪声，去掉一部分伪边缘，但同时也平滑了真正的边缘，降低了其边缘定位精度。

总体来讲，Canny 算子边缘定位精确性和抗噪声能力较好，是一个折中方案。

7.4.2　直线检测

霍夫变换是 MATLAB 中直线检测的一种主要方法，步骤包括：利用 hough() 函数执行霍夫变换，得到霍夫矩阵；利用 houghpeaks() 函数在霍夫矩阵中寻找峰值点；利用 houghlines() 函数在之前两步结果的基础上得到原二值图像。

1. hough 命令

功能：霍夫变换直线检测。

格式：`[H,theta,rho]=hough(BW,param1,val1,param2,val2)`

hough 命令 param 合法值如表 7-3 所示。

表 7-3　hough 命令 param 合法值

param 合法值	含义
'ThetaResolution'	霍夫矩阵中 a 轴方向上单位区间长度，取值范围 [0,90]
'RhoResolution'	霍夫矩阵中 p 轴方向上单位区间长度，取值范围 [0,norm(size(BW))]

2. houghpeaks 命令

功能：寻找峰值。

格式：`peaks=houghpeaks(H,numpeaks,param1,val1,param2,val2)`

houghpeaks 命令 param 合法值如表 7-4 所示。

表 7-4　houghpeaks 命令 param 合法值

param 合法值	含义
'Threshold'	峰值的阈值，默认为 0.5*max(H(:))
'NHoodSize'	在每次检测出一个峰值后，NHoodSize 指出了在该峰值周围需要清零的邻阈信息。以向量 [M N] 形式给出，其中 M、N 均为正奇数。默认为大于等于 size(H)/50 的最小奇数

peaks 是一个 $Q*2$ 的矩阵，每行的两个元素分别为某一峰值点在霍夫矩阵中的行、列索引，Q 为找到的峰值点的数目。

3. houghlines 命令

功能：提取直线段。

格式：`lines=houghlines(BW,theta,rho,peaks,param1,val1,param2,val2)`

houghlines 命令 param 合法值如表 7-5 所示。

表 7-5　houghlines 命令 param 合法值

param 合法值	含义
'FillGap'	线段合并的阈值：如果对应于霍夫矩阵某一个单元格（相同的 a 和 p）的 2 个线段之间的距离小于 FillGap，则合并为 1 个直线段。默认值为 20
'MinLength'	检测的直线段的最小长度阈值：如果检测出的直线线段长度大于 MinLength，则保留，否则丢弃。默认值为 40

返回值 lines 的结构如表 7-6 所示。

表 7-6　返回值 lines 的结构

域	含义	域	含义
point1	直线段的端点 1	theta	对应在霍夫矩阵中的 a
point2	直线段的端点 2	rho	对应在霍夫矩阵中的 p

【例 7-8】图像单阈值分割。

```
clear; clc;
I = imread('sample7_1.jpg');
figure;
I = rgb2gray(I); % 彩色图像转为灰度图像
subplot(2,3,1); imshow(I);title(' 灰度图 '); % 显示灰度图
subplot(2,3,2); imhist(I);title(' 直方图 '); % 显示直方图
x = graythresh(I); % 分割阈值
```

```
I1 = im2bw(I,x); % 图像分割
subplot(2,3,3); imshow(I1);title(' 二值图 '); % 显示二值图
I = imnoise(I,'gaussian'); % 添加高斯噪声
subplot(2,3,4);imshow(I);title(' 噪声灰度图 '); % 显示噪声灰度图
subplot(2,3,5);imhist(I);title(' 噪声直方图 '); % 显示噪声直方图
x = graythresh(I);   % 分割阈值
I1 = im2bw(I,x);   % 图像分割
subplot(2,3,6);imshow(I1);title(' 噪声二值图 ');    % 显示噪声二值图
```

运行结果如图 7-8 所示。

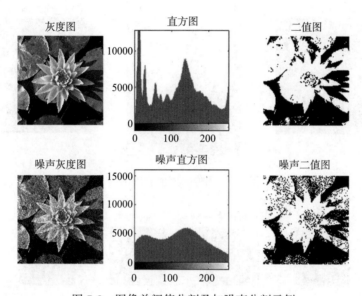

图 7-8　图像单阈值分割及加噪声分割示例

【例 7-9】图像多阈值分割。

```
clear; clc;
I = imread('sample7_1.jpg');
figure;
subplot(1,3,1);imshow(I);title(' 原图 '); % 原图
subplot(1,3,2);imhist(I);title(' 直方图 '); % 直方图
x1 = 90; % 分割阈值
x2 = 120;
I1=uint8(0*(I<=x1)+round((x1+x2)/2)*((I>x1)&(I<=x2))+255*(I>x2));% 图像分割
subplot(1,3,3);imshow(I1);title(' 分割图 '); % 显示分割图
```

运行结果如图 7-9 所示。

【例 7-10】图像边缘检测 (使用 Roberts 算子、Sobel 算子和 PREWITT 算子)。

```
clear; clc;
I = imread('sample7_1.jpg');
I = rgb2gray(I); % 彩色图像转换为灰度图像
figure;
subplot(1,4,1);imshow(I);title(' 原图 '); % 原图
BW1=edge(I,'roberts');
```

```
[BW1,thresh1]=edge(I,'roberts');
subplot(1,4,2); imshow(BW1); title('Roberts 算子 ');
BW2=edge(I,'sobel');
subplot(1,4,3);imshow(BW2); title('Sobel 算子 ');
BW3=edge(I,'prewitt');
subplot(1,4,4);imshow(BW3); title('Prewitt 算子 ');
```

运行结果如图 7-10 所示。

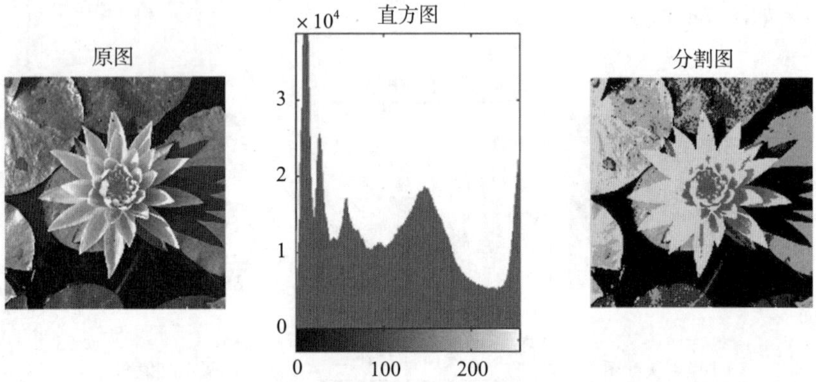

图 7-9　图像多阈值分割示例

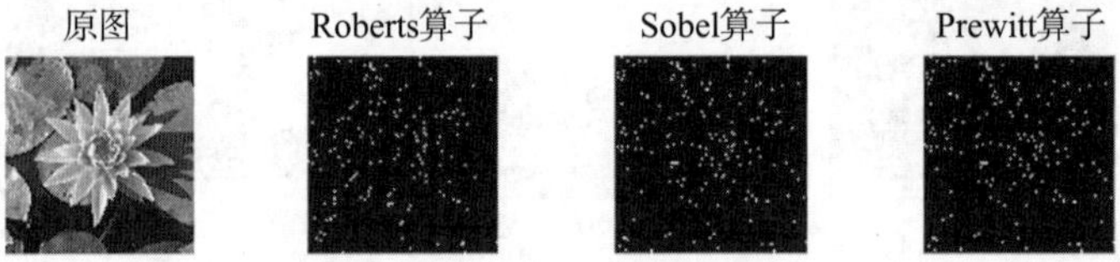

图 7-10　图像边缘检测示例

7.5　图像特征提取

特征提取的一般原则是选择在同类图像之间差异较小（较小的类内距），在不同类别的图像之间差异较大（较大的类间距）的图像特征。这些图像特征是最具有区分能力的特征。简单区域描绘子如下所示。

- 周长：区域边界上的像素数目。
- 面积：区域中像素数目。
- 致密性:（周长）^{2}/ 面积。
- 区域的质心。
- 灰度均值：区域中所有像素的平均值。
- 灰度中值：区域中所有像素的排序中值。
- 包含区域的最小矩形。
- 最小或最大灰度级。
- 大于或小于均值的像素数。

● 欧拉数：区域中的对象数减去这些对象的孔洞数。

1. regionprops 命令

功能：度量图像区域属性。

格式：D=regionprops(L,properties)

L 为一个标记矩阵，通过连通 1 区域标注函数 bwlabel 得到。properties 的合法值见表 7-7。

表 7-7   properties 的合法值

properties 合法值	含义
'Area'	区域内像素总数
'BoundingBox'	包含区域的最小矩形
'Centroid'	区域的质心
'ConvexHull'	包含区域的最小凸多边形
'EquivDiameter'	和区域有着相同面积的圆的直径
'EulerNumber'	区域中的对象数减去这些对象的孔洞数

2. pincomp 命令

功能：进行主成分分析（Principal Component Analysis, PCA）。

格式：[COEFF,SCORE,latent]=pincomp(X);

X 为原始样本组成 $n \times d$ 的矩阵，其每一行是一个样本特征向量，每一列表示样本特征向量的一维。COEFF：主成分分量，也是样本协方差矩阵的本征向量。SCORE：主成分，*X* 的低维表示。latent：一个包含着样本协方差矩阵本征值的向量。

7.6   彩色图像模型

彩色图像处理时，选择适合的彩色模型是非常重要的。颜色模型（也称颜色空间）是用一组数值来描述颜色的数学模型，常用的彩色模型有：RGB 模型、CMY 模型、CMYK 模型、HIS 模型、HSV 模型、YUV 模型、YIQ 模型等。从实际应用的角度来看，模型可分为两类：面向硬件设备的彩色模型和面向视觉感知的彩色模型。

7.6.1   面向硬件设备的彩色模型

1. RGB 模型

面向硬件设备的彩色模型是三基色模型，即 RGB 模型，常见的电视、摄像机和彩色扫描仪都是根据 RGB 模型工作的。国际照明委员会（CIE）规定以蓝（435.8nm）、绿（546.1nm）和红（700nm）作为主原色。RGB 颜色模型建立在笛卡儿坐标系里，其中三个坐标轴分别代表红、绿、蓝，如图 7-11 所示，RGB 模型是一个立方体，原点对应黑色，离原点最远的顶点对应白色。RGB 是加色，是基于光的叠加的，红光加绿光加蓝光等于白光。

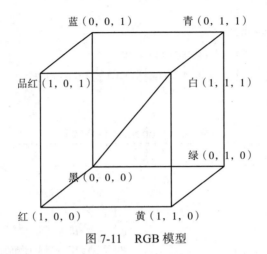

图 7-11   RGB 模型

MATLAB 中一幅 RGB 图像可表示为一个 $M \times N \times 3$ 的三维矩阵，其中每一个彩色像素都在特定空间位置的彩色图像中对应红、绿、蓝 3 个分量，具体代码如下所示。

```
RGB_image=cat(3,PR,PG,PB);% 将 PR、PG、PB 三个矩阵在第 3 个维度上进行级联，进行图像合成
PR=RGB_image(:,:,1);% 提取红色分量
PG=RGB_image(:,:,2);% 提取绿色分量
PB=RGB_image(:,:,3);% 提取蓝色分量
```

RGB 颜色空间的主要缺点是不直观，从 R、G、B 的值中很难知道该值所代表颜色的认知属性，因此 RGB 颜色空间不符合人对颜色的感知心理。另外，RGB 颜色空间是最不均匀的颜色空间之一，两种颜色之间的知觉差异不能采用该颜色空间中两个颜色点之间的距离来表示。

2. CMY 模型

CMY 模型是采用青、品红、黄色（Cyan、Magenta、Yellow）3 种基本原色按一定比例合成颜色。由于色彩的显示是由光线被物体吸收掉一部分之后反射回来的剩余光线产生，故 CMY 模型又称为减色法混色模型。当光都被吸收时成为黑色，都被反射时为白色。CMY 模型主要用于彩色打印机和复印机等。

用户可使用以下代码在 CMY 模型和 RGB 模型之间转换。

```
cmy=imcomplement(rgb);%RGB 转换成 CMY
rgb=imcomplement(cmy); %CMY 转换成 RGB
```

3. CMYK 模型

CMY 模型在实际使用中，青、品红和黄色等比例混合后的黑色并不纯，为产生真正的黑色，专门加入第四种颜色——黑色，得到 CMYK 模型，用于四色打印。

4. YCbCr 模型

在 YCbCr 模型中，Y 是指亮度分量，Cb 指蓝色分量，而 Cr 指红色分量。通常肉眼对视频的 Y 分量更敏感，因此通过对色度分量进行子采样来减少色度分量后，肉眼是察觉不到图像质量变化的，YCbCr 模型常用于肤色检测中。

YCbCr 转换 RGB 公式：

R=Y+1.402Cr

G=Y-0.344Cb−0.714Cr

B=Y+1.772Cb

RGB 转换 YCbCr 公式：

Y=0.299R+0.587G+0.114B

Cb=0.564(B−Y)

Cr=0.713(R−Y)

7.6.2　面向视觉感知的彩色模型

面向硬件设备的彩色模型与人的视觉感知之间存在一定的差距，人眼往往很难判定一个彩色图像中的 RGB 分量，因此面向视觉感知的彩色模型就显得非常有用，此类模型与人视觉感知较接近，如 HSI、HSV 等模型。

1. HSI 模型

HSI 模型是常见的面向彩色处理的模型，HSI 模型是从人的视觉系统出发，直接使用颜色三要素色调（hue）、饱和度（saturation）和亮度（intensity）来描述颜色。HSI 色彩空间比 RGB 彩色空间更符合人的视觉特性。亮度和色度具有可分离特性，使得图像处理和机器视觉中大量灰度处理算法都可用于 HSI 彩色空间。HSI 模型如图 7-12 所示。

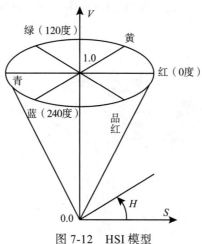

图 7-12　HSI 模型

色调（hue）：色调由物体反射光线中占优势的波长决定，反映颜色的本质，表示人的感官对不同颜色的感受，如红色、绿色、蓝色等，它也可表示一定范围的颜色，如暖色、冷色等。H 的值对应指向该点的矢量与 R 轴的夹角。

饱和度（saturation）：颜色的深浅和浓淡程度，纯光谱色是完全饱和的，加入白光会稀释饱和度，饱和度越高，颜色看起来就会越鲜艳，反之亦然。三角形中心的饱和度最低，越靠外饱和度越高。

亮度（intensity）：人眼感觉光的明暗程度，光的能量越大，亮度越高，对应成像亮度和图像灰度。模型中间截面向上变白（亮），向下变黑（暗）。

需要说明的是：I 分量与图像的彩色信息无关；H 分量和 S 分量与人感受颜色的方式紧密相关。这两个特点使得 HSI 模型非常适合彩色特性检测分析。

其中，RGB 空间转换 HSI 空间公式如式（7-2）所示

$$H = \begin{cases} \arccos\left\{ \dfrac{(R-G)+(R-B)}{2\sqrt{(R-G)^2+(R-B)(G-B)}} \right\} & B \leqslant G \\[4mm] 2\pi - \arccos\left\{ \dfrac{(R-G)+(R-B)}{2\sqrt{(R-G)^2+(R-B)(G-B)}} \right\} & B > G \end{cases} \quad (7\text{-}2)$$

$$S = 1 - \frac{3}{(R+G+B)}\min(R,G,B)$$

$$I = \frac{(R+G+B)}{3}$$

2. HSV 模型

HSV 模型是根据颜色的直观特性由 A. R. Smith 在 1978 年创建的一种颜色空间，也称六角锥体模型（hexcone model）。HSV 模型比 HSI 模型更接近人类对颜色的感知。H 代表色调，S 代表饱和度，V 代表亮度值。HSV 模型的坐标系统如图 7-13 所示，与 HSI 模型相似。

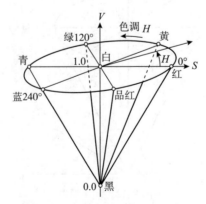

图 7-13 HSV 模型的坐标系统

其中，RGB 空间转换 HSV 空间公式如式（7-3）所示

$$H = \begin{cases} \arccos\left\{\dfrac{(R-G)+(R-B)}{2\sqrt{(R-G)^2+(R-B)(G-B)}}\right\} & B \leqslant G \\[3ex] 2\pi - \arccos\left\{\dfrac{(R-G)+(R-B)}{2\sqrt{(R-G)^2+(R-B)(G-B)}}\right\} & B > G \end{cases} \qquad (7\text{-}3)$$

$$S = \frac{\max(R,G,B) - \min(R,G,B)}{\max(R,G,B)}$$

$$V = \frac{\max(R,G,B)}{255}$$

3. HSB 模型

HSB 模型的基础是对立色理论，对立色理论源于人们对对立色调（红和绿、黄和蓝）的观察事实（对立色调的颜色叠加，它们会相互抵消）。HSB 模型是普及型设计软件中常见的色彩模式，其中 H 代表色调，S 代表饱和度，B 代表亮度。HSB 模型的结构如图 7-14 所示。

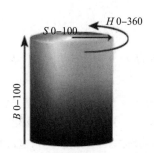

图 7-14　HSB 模型的结构

色调（hue）：在 0°~360° 的标准色环上按照角度值标识，比如红是 0°、橙色是 30° 等。

饱和度（saturation）：颜色的深浅和浓淡程度。饱和度表示色调中彩色成分所占的比例，用从 0%（灰色）~100%（完全饱和）来度量。在色立面上饱和度是从左向右逐渐增加的，左边线为 0%，右边线为 100%。

亮度（brightness）：颜色的明暗程度，通常用从 0%（黑）~100%（白）来度量，在色立面中从上至下逐渐递减，上边线为 100%，下边线为 0%。

HSB 色彩总部还推出了基于 HSB 色彩模式的 HSB 色彩设计方法，以此指导设计者更好地搭配色彩。

4. L*a*b 模型

L*a*b 颜色模型是在 1931 年国际照明委员会（CIE）制定的颜色度量国际标准模型的基础上建立的。1976 年，该模型经过重新修订并命名为 CIEL*a*b。L*a*b 颜色与设备无关，

无论使用何种设备（如显示器、打印机、计算机或扫描仪）创建或输出图像，这种模型都能生成一致的颜色。

从视觉感知均匀的角度，人所感知到的两个颜色之间的距离应该与这两个颜色在表达它们的颜色空间中的距离越成比例越好。换句话说，如果在一个颜色空间中，人所观察的两种彩色的区别程度与该彩色空间中两点间的欧式距离相对应，则该空间为均匀彩色空间。L*a*b 模型是一种均匀的彩色模型，它也基于对立色理论和参考白点。

L*a*b 色彩模型是由明度（L）及有关色彩的 a 分量和 b 分量三个要素组成。

明度（luminosity），L 的值域由 0 到 100，$L=50$ 时，就相当于 50% 的黑。

a 分量表示从洋红色至绿色的范围，a 的值域由 +127 至 –128，其中 +127 就是红色，渐渐过渡到 –128 的时候就变成绿色。

b 分量表示从黄色至蓝色的范围，b 的值域也是由 +127 至 –128，+127 是黄色，–128 是蓝色。

所有的颜色就以这三个值交互变化所组成。例如，一块色彩的 Lab 值是 $L=100$，$a=30$，$b=0$，这块色彩就是粉红色。（注：此模式中的 a 轴，b 轴颜色与 RGB 不同，洋红色更偏红，绿色更偏青，黄色略带红，蓝色有点偏青色）。

习题

1. 将彩色图像（任选）及其转换后的灰度图像、二值图像、索引图像 4 幅图像在一个两行两列的窗口中显示出来。
2. 将彩色图像（任选）进行平移、旋转及膨胀、腐蚀等运算并显示。
3. 将彩色图像（任选）转换成灰度图像，并进行直方图均衡化。
4. 将彩色图像（任选）添加高斯噪声及椒盐噪声后显示并比较两者效果。
5. 将彩色图像（任选）转换成灰度图像，并分析其频域低通滤波后的效果。
6. 将彩色图像（任选）分别转换成 RGB 模型及 HIS 模型并显示。

第 8 章　深度学习

本章重点介绍深度学习起源、神经网络与深度学习、卷积神经网络及应用，并在最后给出了一个卷积神经网络实例。

8.1　深度学习的起源

深度学习是从数据中学习表示的一种方法，是机器学习的一个分支领域，也是目前人工智能的一个主流的研究方向。深度学习、机器学习和人工智能的关系如图 8-1 所示。

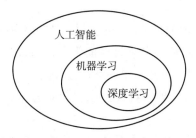

图 8-1　深度学习、机器学习和人工智能的关系

8.1.1　人工智能

深度学习是当前人工智能研究最前沿的领域之一。人工智能（也称机器智能）最初于 1956 年的达特茅斯会议上提出，它是计算机科学、控制论、信息论、神经生理学、心理学、语言学等多种学科互相渗透而发展起来的一门综合性学科。以现代科技诠释和模拟人类智能，以延伸人类智能的科学，就是"人工智能"（Artificial Intelligence，AI）。

半个世纪以来，人们对人类获得知识的方式总结为：逻辑演绎、归纳总结、生物进化，对应地发展出了人工智能的三大流派：符号主义、连接主义、行为主义。

- 符号主义（symbolism）源于数理逻辑，认为智能产生于大脑的抽象思维、主观意识过程，例如数学推导、概念化的知识表示、模型语义推理。
- 连接主义（connectionism）源于仿生学，认为智能产生于大脑神经元之间的相互作用及信息往来的学习与统计过程，例如视觉听觉等基于大脑皮层神经网络的下意识的感知处理。
- 行为主义（actionism）源于心理学与控制论。认为智能是产生于主体与环境的交互过程。基于可观测的具体的行为活动，以控制论及感知–动作型控制系统为基础，摒弃了内省的思维过程，而把智能的研究建立在可观测的具体的行为活动基础上。

人工智能的发展经历了从弱人工智能、强人工智能到超人工智能的过程。

- 弱人工智能：单个方面的人工智能。目前，主流科研集中在弱人工智能上，并且一般认为这一研究领域已经取得可观的成就。
- 强人工智能：真正推理和解决问题的智能机器，还具有知觉或自我意识。分为类人的人工智能和非类人的人工智能。
- 超人工智能：超越人类智慧并且将人类智慧延展的智能体系，各方面都可以比人类强。

8.1.2 机器学习

机器学习是一门关于数据学习的科学技术，它从数据（训练集、验证集）中自动分析（训练）获得规律，并利用规律预测未来的行为结果和趋势。

根据所处理的数据种类的不同，机器学习可分为监督学习、无监督学习和强化学习。

- 监督学习：类似于跟着导师学习，学习过程中有指导监督，导师预先准备好验证集来纠正学习中的错误。
- 无监督学习：类似于一般的自学，学习全靠自己的悟性和直觉，没有导师提供验证集。
- 强化学习：一种以己为师、自求自得的学习，通过环境和自我激励的方式不断学习、调整、产生验证集并自我纠错的迭代过程。

机器学习一般包括数据预处理、特征提取、特征选择及决策等过程，如图 8-2 所示，具体说明如下：

1）数据预处理：对所收集的原始数据进行分类或分组前所做的审核、筛选、排序等必要的处理，并构建可用于训练模型的数据集。

2）特征提取：把原始数据集中的多项属性提取出来组成一个新的数据集，这个新数据集通常只包含与分析任务本身有关的属性。特征提取主要用于简化数据分析手段，降低计算量，更好地了解实际数据，进而可以更有效地进行数据分类、聚类、预测、建模等。特征提取的关键在于确定、提取、评价这三个步骤的有效性。

3）特征选择：从已有的 M 个特征中选择几个特征使得系统的特定指标最优化，是从原始特征中选择出一些最有效特征以降低数据集维度的过程。

4）决策：学习某个函数并进行预测推理等。

传统的机器学习完成最后一部分内容，中间的三部分是特征处理。特征处理是系统最主要的计算和测试工作，它对最终算法的准确性起到决定性作用，但该步骤依赖人工干预，大幅降低了工作效率，并会引起主观偏差。

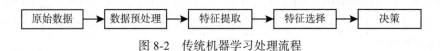

图 8-2 传统机器学习处理流程

8.1.3 深度学习概念

深度学习的概念源于人工神经网络的研究，其本质就是一个深层神经网络。深度学习的基本思想就是堆叠多个层，将上一层的输出作为下一层的输入，逐步实现对输入信息的分级表达，让程序从中自动学习深入、抽象的特征。具体来说，每层网络的预训练均采用无监督学习，先无监督学习逐层训练每一层，将上一层的输出作为下一层的输入，再有监督学习微调所有层。

深度学习通过组合低层特征形成更加抽象的高层表示属性类别或特征，以发现数据的分布式特征表示。研究深度学习的动机在于建立模拟人脑进行分析学习的神经网络，它模仿人脑的机制来解释数据，例如图像、声音和文本等。深度学习的训练过程如图 8-3 所示。

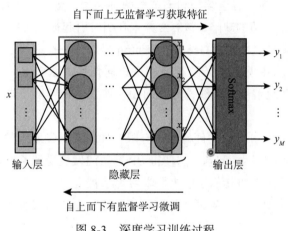

图 8-3　深度学习训练过程

8.1.4 深度学习简史

深度学习近年引起了广泛关注，发展异常迅猛，其实这并非一蹴而就，跟世界上大多数的事物一样，深度学习经历了一段曲折漫长的发展过程。大致可以分为起源、发展到爆发三个阶段。

1. 起源

1943 年，心理学家 Warren Mcculloch 和数学逻辑学家 Walter Pitts 在论文《神经活动中内在思想的逻辑演算》中提出了 MP 模型。MP 模型模仿神经元的结构和工作原理，构建了一个基于神经网络的数学模型，本质上是一种"模拟人类大脑"的神经元模型。MP 模型作为人工神经网络的起源，奠定了神经网络模型的基础。

1949 年，加拿大著名心理学家 Donald Hebb 在《行为的组织》中提出了一种基于无监督学习的规则——海布学习规则（hebb rule）。海布学习规则与"条件反射"机理一致。

20 世纪 50 年代末，在 MP 模型和海布学习规则的研究基础上，美国科学家 Frank Rosenblatt 发现了一种类似于人类学习过程的学习算法——感知机学习，并于 1958 年正式提出了由两层神经元组成的神经网络，称之为"感知器"（Perceptron）。感知器本质上是一种线性模型，可以对输入的训练集数据进行二分类，并且能够在训练集中自动更新权值。

但随着研究的深入，在 1969 年，"AI 之父" Marvin Minsky 和 LOGO 语言的创始人 Seymour Papery 在《感知器》一书中证明了单层感知器无法解决线性不可分问题（如异或问题）。由于这个致命的缺陷以及没有及时推广感知器到多层神经网络中，从 20 世纪 70 年代开始，几乎使人工神经网络研究停滞了将近 20 年。

2. 发展

1982 年，著名物理学家 John J. Hopfield 发明了 Hopfield 神经网络。Hopfield 神经网络是一种结合存储系统和二元系统的循环神经网络。Hopfield 网络也可以模拟人类的记忆，根据激活函数的选取不同，有连续型和离散型两种类型，分别用于优化计算和联想记忆。但由于容易陷入局部最小值的缺陷，该算法并未在当时引起很大的轰动。

直到 1986 年，深度学习之父 Geoffrey Hinton 提出了一种适用于多层感知器的反向传播算法——BP 算法。BP 算法在传统神经网络正向传播的基础上，增加了误差的反向传播过程。BP 算法完美地解决了非线性分类问题，使人工神经网络再次引起了人们广泛的关注。

由于 20 世纪 80 年代计算机的硬件水平有限，导致当神经网络的规模增大时，再使用 BP 算法会出现"梯度消失"的问题。这使得 BP 算法的发展受到了很大的限制。再加上 90 年代中期，以 SVM 为代表的其他浅层机器学习算法被提出，并在分类、回归问题上均取得了很好的效果，其原理又明显不同于神经网络模型，所以人工神经网络的发展再次进入了瓶颈期。

3. 爆发

2006 年，Geoffrey Hinton 以及他的学生 Ruslan Salakhutdinov 正式提出了深度学习的概念。他们在《科学》期刊发表的一篇文章中详细地给出了"梯度消失"问题的解决方案——通过无监督的学习方法逐层训练算法，再使用有监督的反向传播算法进行调优。该深度学习方法的提出，立即在学术圈引起了巨大的反响，以斯坦福大学、多伦多大学为代表的众多世界知名高校纷纷投入巨大的人力、财力进行深度学习领域的相关研究。而后深度学习又迅速蔓延到工业界中。

2012 年，在著名的 ImageNet 图像识别大赛中，Geoffrey Hinton 领导的小组采用深度学习模型 AlexNet 一举夺冠。AlexNet 采用 ReLU 激活函数，从根本上解决了梯度消失问题，并采用 GPU 极大地提高了模型的运算速度。同年，由斯坦福大学著名的吴恩达教授和世界顶尖计算机专家 Jeff Dean 共同主导的深度神经网络——DNN 技术在图像识别领域取得了惊人的成绩，在 ImageNet 评测中成功地将错误率从 26% 降低到了 15%。深度学习算法在世界大赛中脱颖而出，也再一次吸引了学术界和工业界对于深度学习领域的关注。

随着深度学习技术的不断进步以及数据处理能力的不断提升，2014 年，Facebook 基于深度学习技术的 DeepFace 项目，在人脸识别方面的准确率已经能达到 97% 以上，跟人类识别的准确率几乎没有差别。这样的结果也再一次证明了深度学习算法在图像识别方面的一骑绝尘。

2016 年，随着谷歌公司基于深度学习开发的 AlphaGo 以 4∶1 的比分战胜了国际顶尖围棋棋手李世石，深度学习的热度一时无两。后来，AlphaGo 又接连和众多世界级围棋棋手过招，均取得了完胜。这也证明了在围棋界，基于深度学习技术的机器人已经超越了人类。

2017 年，基于强化学习算法的 AlphaGo 升级版 AlphaGo Zero 横空出世。其采用"从零开始""无师自通"的学习模式，以 100∶0 的比分轻而易举打败了之前的 AlphaGo。

2022 年 11 月月底，人工智能对话聊天机器人 ChatGPT 推出，迅速在社交媒体上走红，ChatGPT 是美国人工智能研究实验室 OpenAI 开发的一款全新聊天机器人模型，它能够通过学习和理解人类的语言来进行对话，还能根据聊天的上下文进行互动，并协助人类完成一系列任务。

2024 年 2 月，OpenAI 发布一款人工智能视频模型 Sora，它能够通过简单的文本命令创建出高度逼真、包含复杂背景和多角度镜头的视频，这是继文本、图像之后，OpenAI 将先进的 AI 技术拓展到视频领域的一次重大突破。

8.2　神经网络与深度学习

神经网络（Neural Network，NN）也称人工神经网络（Artificial Neural Network，ANN），是一种模仿动物神经网络行为特征，进行分布式并行信息处理的算法数学模型。神经网络由大量的人工神经元联结进行计算，是一种非线性统计性数据建模工具，常用来对输入和输出间复杂的关系进行建模，或用来探索数据的模式。

神经网络是一个具有相连节点层的计算模型，其分层结构与大脑中的神经元网络结构相似。神经网络可通过数据进行学习，因此，可训练其识别模式、对数据分类、预测未来事件。

人工神经网络按其模型结构大体可以分为前馈型网络（也称为多层感知机网络）和反馈型网络（也称为 Hopfield 网络）两大类，前者在数学上可以看作是一类大规模的非线性映射系统，后者则是一类大规模的非线性动力学系统。按照学习方式，人工神经网络又可分为有监督学习和无监督学习；按工作方式则可分为确定性和随机性两类；按时间特性还可分为连续型或离散型两类。

8.2.1　神经元

神经网络是一种运算模型，由大量的节点（又称"神经元"）和之间相互的联接构成，神经元结构如图 8-4 所示。每个节点代表一种特定的输出函数，称为激励函数、激活函数（activation function）。每两个节点间的联接都代表一个对于通过该连接信号的加权值，称之为权重，这相当于人工神经网络的记忆。网络的输出则依网络的连接方式、权重值和激励函数的不同而不同。而网络自身通常都是对自然界某种算法或者函数的逼近，也可能是对一种逻辑策略的表达。

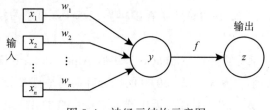

图 8-4 神经元结构示意图

从图 8-4 可知，神经元接收 n 个输入 $x_1, x_2, \cdots, x_n$，这些输入对应的权重分别为 $w_1, w_2, \cdots, w_n$，其加权和 $y = \sum_{i=1}^{n} w_i x_i + b$，这里 b 为偏移量，f 为激活函数，$z = f(y)$，可见，神经元模型有三个基本要素：连接加权、求和单元和激活函数。该神经元的输出则是下一个神经元的输入，实际应用中激活函数一般为非线性函数，常用的激活函数有线性函数、非线性函数（sigmoid 型函数）、概率型函数等，具体如图 8-5 所示。

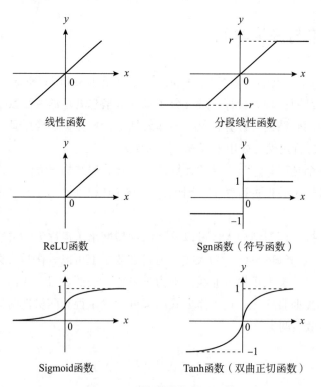

图 8-5 几种常用的激活函数

需要注意的是，训练神经网络时，激活函数的选取对结果有极大影响。

8.2.2　神经网络分类

神经网络模型基本结构按信息输入是否反馈，可以分为两种：前馈神经网络和反馈神经网络。

1. 前馈神经网络

前馈神经网络（feedforward neural network）的信息从输入层开始，每层的神经元接收前一级输入，并输出到下一级，直至输出层。整个网络信息传输中无反馈（循环），即任何层的输出都不会影响同级层，可用一个有向无环图表示。多层前馈神经网络如图8-6所示。

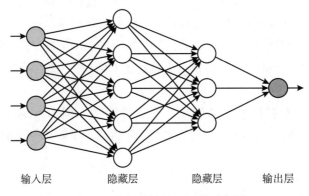

输入层　　　　　隐藏层　　　　　隐藏层　　　　输出层

图8-6　多层前馈神经网络示意图

常见的前馈神经网络有卷积神经网络（CNN）、全连接神经网络（FCN）及生成对抗网络（GAN）等。

2. 反馈神经网络

反馈神经网络（feedback neural network）的神经元不仅可以接收其他神经元的信号，而且可以接收自己的反馈信号。与前馈神经网络相比，反馈神经网络中的神经元具有记忆功能，在不同时刻具有不同的状态。反馈神经网络中的信息传播可以是单向的也可以是双向的，可以用一个有向循环图或者无向图来表示。多层反馈神经网络如图8-7所示。

常见的反馈神经网络包括循环神经网络（RNN）、长短期记忆网络（LSTM）、Hopfield网络和玻尔兹曼机等。

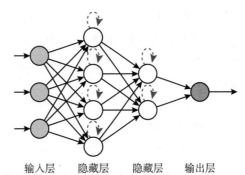

输入层　　　隐藏层　　　隐藏层　　　输出层

图8-7　多层反馈神经网络示意图

8.2.3　几种典型的神经网络模型

介绍几种目前常用的神经网络模型，具体如下。

1. 卷积神经网络

卷积神经网络（Convolutional Neural Network，CNN）是一类包含卷积运算且具有深度结构的前馈神经网络。相比早期的 BP 神经网络，卷积神经网络最重要的特性在于"局部感知"与"参数共享"。

卷积神经网络可以有效使用相邻像素信息，首先通过卷积有效地对图像进行下采样，然后在最后使用预测层，使其成为图像分类的首选算法。由于图像具有非常高的维数，因此训练一个标准的前馈网络来识别图像需要成千上万的输入神经元，除了巨大的计算量，还可能导致许多与神经网络中的维数灾难相关的问题。卷积神经网络利用卷积和池化层来降低图像的维度，由于卷积层是可训练的，但参数明显少于标准的隐藏层，它能够突出图像的重要部分，并向前传播每个重要部分。传统的 CNN 中，最后几层是隐藏层，用来处理"压缩的图像信息"。

众多的学者已经为卷积神经网络开发了各种架构，例如 AlexNet、VGG、ResNet、Inception、Xception、MobileNet 等，这些架构不断地推动了图像分类的发展。图 8-8 所示为 AlexNet 网络示意图。

2. 循环神经网络

循环神经网络（Recurrent Neural Network，RNN）存在环形结构，隐藏层内部的神经元是互相连接的，可以存储网络的内部状态，其中包含序列输入的历史信息，实现了对时序动态行为的描述，如图 8-9 所示。

3. 长短期记忆网络

长短期记忆网络（LSTM）结构是专门为解决 RNN 在学习长上下文信息出现的梯度消失、爆炸问题而设计的，结构中加入了内存块，通过引入不同的门来增加时间记忆信息（也称为消失梯度问题），这些门通过添加或删除信息来调节神经元状态，如图 8-10 所示。

4. 生成对抗网络

生成对抗网络（GAN）是一种专门设计用于生成图像的网络，通常使用两个对抗神经网络来训练计算机，以充分了解数据集的性质，并生成足以乱真的伪造图像。其中一个神经网络生成伪造图像（生成器），另一个尝试对哪些伪造图像进行分类（鉴别器）。通过相互对抗和竞争，这两个神经网络的功能和性能会随着时间的推移而不断改进。鉴别器是一个卷积神经网络，其目标是最大限度地提高识别真假图像的准确率，而生成器是一个反卷积神经网络，其目标是最小化鉴别器的性能，如图 8-11 所示。

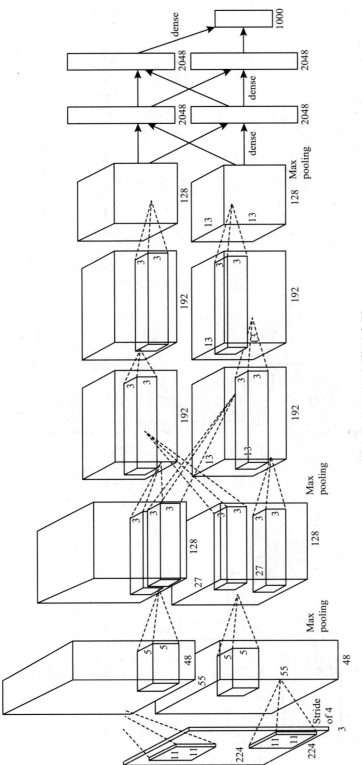

图 8-8　AlexNet 网络示意图

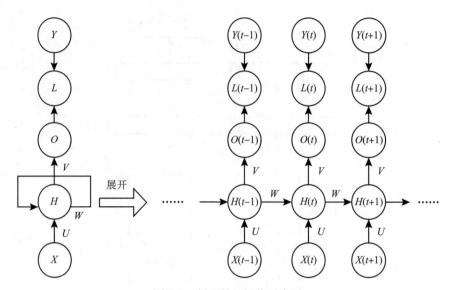

图 8-9　循环神经网络示意图

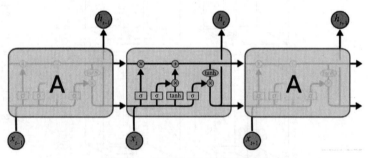

图 8-10　长短期记忆网络示意图

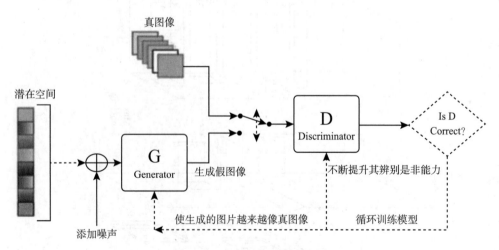

图 8-11　生成对抗网络示意图

5. 全连接神经网络

全连接神经网络（FCN）是最常见的网络结构，有三种基本类型的层：输入层、隐藏层和输出层。当前层的每个神经元都会接入前一层每个神经元的输入信号。在每个连接过程中，来自前一层的信号被乘以一个权重，增加一个偏置，然后通过一个非线性激活函数，及简单非线性函数的多次复合，实现输入空间到输出空间的复杂映射，如图8-12所示。

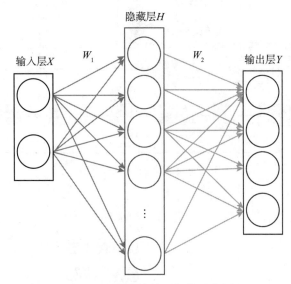

图 8-12　全连接神经网络示意图

6. DeepLab

DeepLab 是语义分割领域常用的算法，主要有 DeepLab v1、DeepLab v2、DeepLab v3、DeepLab v3+ 等模型版本。

DeepLab v3+ 包括 Encoder 和 Decoder 两部分，整体的网络结构如图8-13所示。Encoder 部分负责从原图像中提取语义特征（high-level feature）。DeepLab 系列算法的核心在于使用了空洞卷积（atrous convolution）替代池化层来增大感受野，避免了因为池化而导致的信息丢失。

7. Transformer

Transformer 是 Google Brain 提出的经典网络结构，由 Encoder-Decoder 模型组成。Transformer 目前已经成为实施任何一个自然语言处理（NLP）任务的实际标准，ChatGPT 采用的就是这种结构。Transformer 是基于注意力模型的架构，Transformer 完全依赖于一种注意力机制来绘制输入和输出之间的全局依赖关系。这使得它可以更快、更准确地解决自然语言处理领域中的各种问题，如图8-14所示。

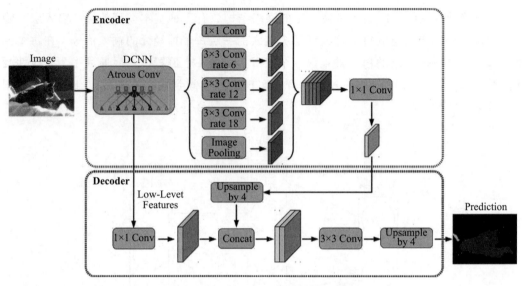

图 8-13　DeepLab v3+ 网络结构示意图

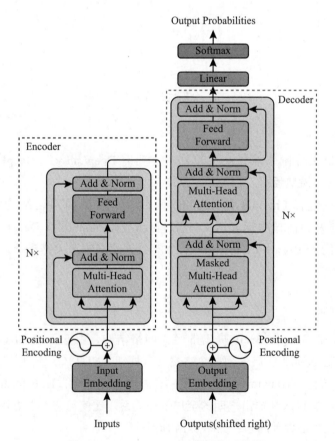

图 8-14　Transformer 网络结构示意图

8.3　卷积神经网络及应用

卷积神经网络是包含卷积计算且具有深度结构的前馈神经网络，该模型广泛用于图像和视频识别。在图像识别的比赛中，基于深度学习的方法几乎都以 CNN 为基础（如 AlexNet、VGGNet、Google Inception Net 及微软的 ResNet 等）。卷积神经网络基于卷积核或过滤器共享权重架构，能沿着输入特征滑动并提供称为特征图的平移不变的响应，因此也被称为"平移不变人工神经网络"（Shift-Invariant Artificial Neural Networks，SIANN）。

8.3.1　卷积神经网络简史

对卷积神经网络的研究可追溯至日本学者福岛邦彦（Kunihiko Fukushima）提出的 neocognitron 模型，他仿造生物的视觉皮层（visual cortex）设计了以 "neocognitron" 命名的神经网络。neocognitron 是一个具有深度结构的神经网络，并且是最早被提出的深度学习算法之一，其隐藏层由 S 层（simple-layer）和 C 层（complex-layer）交替构成，被普遍认为是启发了卷积神经网络的开创性研究。

第一个卷积神经网络是 1987 年由 Alexander Waibel 等提出的时间延迟神经网络（Time Delay Neural Network，TDNN），TDNN 是一个应用于语音识别问题的卷积神经网络，使用 FFT 预处理的语音信号作为输入，其隐藏层由 2 个一维卷积核组成。

1988 年，Wei Zhang 提出了第一个二维卷积神经网络：平移不变人工神经网络（SIANN），并将其应用于检测医学影像。而 Yann LeCun 在 1989 年同样独立构建了应用于计算机视觉问题的卷积神经网络，即 LeNet 的最初版本，并且 LeCun（1989）在论述其网络结构时首次使用了"卷积"一词，"卷积神经网络"因此得名。

LeCun（1989）的工作在 1993 年由贝尔实验室完成代码开发并被部署于 NCR（National Cash Register）公司的支票读取系统。

在 LeNet 的基础上，1998 年 Yann LeCun 及其合作者构建了更加完备的卷积神经网络 LeNet-5 并在手写数字的识别问题中取得成功。微软在 2003 年使用卷积神经网络开发了光学字符识别（Optical Character Recognition，OCR）系统。其他基于卷积神经网络的应用研究也得以展开，包括人像识别、手势识别等。

在 2006 年深度学习理论被提出后，卷积神经网络的表征学习能力得到了关注，并随着数值计算设备的更新得到发展。自 2012 年的 AlexNet 开始，得到 GPU 计算集群支持的复杂卷积神经网络多次成为 ImageNet 大规模视觉识别竞赛（ImageNet Large Scale Visual Recognition Challenge，ILSVRC）的优胜算法，包括 ZFNet、VGGNet、GoogLeNet 和 ResNet 等。

8.3.2　架构

卷积神经网络是一种前馈神经网络，由输入层、隐藏层和输出层三部分构成。

1. 输入层

卷积神经网络的输入层可以处理多维数据，一般来说，一维卷积神经网络的输入层接收一维或二维数组，其中一维数组通常为时间或频谱采样。而二维数组可能包含多个通道，二维卷积神经网络的输入层接收二维或三维数组。三维卷积神经网络的输入层接收四维数组。由于图像处理的特点，卷积神经网络结构往往预先设成三维输入数据，即平面上的二维像素点和 RGB 通道。

神经网络算法需要采用梯度下降算法进行学习，其输入特征需要进行归一化处理，也就是在将学习数据输入卷积神经网络前，在通道或时间 / 频率维对输入数据进行归一化，若输入数据为像素，也可将分布于 [0, 255] 的原始像素值归一化至 [0, 1] 区间。输入特征的归一化有利于提升卷积神经网络的学习效率和表现。

2. 隐藏层

在前馈神经网络中，任何中间层都被称为隐藏层，典型的卷积神经网络的隐藏层包含卷积层、激活函数、池化层和全连接层，卷积层和池化层为卷积神经网络特有，卷积层中的卷积核包含权重系数，而池化层不包含权重系数，在一些新的算法中还可能有 Inception 模块、残差块（residual block）等复杂构件。在常见构筑中，以 LeNet-5 为例，这些结构的顺序通常为：输入→卷积层→池化层→全连接层→输出。

3. 输出层

卷积神经网络中输出层的上一层通常是全连接层，其结构和原理与传统前馈神经网络中的输出层相同。对于图像分类问题，输出层使用逻辑函数或归一化指数函数（softmax function）输出分类标签；在物体识别问题中，输出层可设计为输出物体的中心坐标、大小和分类等；在图像语义分割中，输出层直接输出每个像素的分类结果。

8.3.3　卷积层

卷积层（convolutional layer）是卷积神经网络的核心，主要作用是对输入进行特征提取。传统的图像识别算法会使用各种精心设计的手工特征（handcrafted feature），如 HOG 特征、SIFT 特征、颜色直方图等。但是手工特征并不能充分提取图像中的信息，在复杂的场景中无法保证精确度。对比传统的图像识别算法，CNN 使用卷积层提取图像特征，通过大规模训练，学习到如何更准确地提取图像特征。随着网络深度的增加，卷积层能够提取图像更高层次的语义特征。

卷积层的参数有卷积核大小、输入通道数、输出通道数、填充尺寸、步长等。卷积层中有多个大小相同的卷积核，其个数为输入通道数乘上输出通道数，每个卷积核对应一个输入通道和一个输出通道。卷积核相当于一个滑动窗口，在其相应的输入通道上进行滑动，每次滑动一个步长。卷积核与窗口内的输入相乘，结果输出到其输出通道的相应位置。

1. 卷积核

卷积层的功能是对输入数据进行特征提取，其内部包含多个卷积核（convolutional kernel），组成卷积核的每个元素都对应一个权重系数和一个偏差量（bias vector），类似于一个前馈神经网络的神经元（neuron）。卷积层内每个神经元都与前一层中位置接近的区域的多个神经元相连，区域的大小取决于卷积核的大小，被称为"感受野"（receptive field），其含义可类比视觉皮层细胞的感受野。卷积核在工作时，会有规律地扫过输入特征，在感受野内对输入特征做矩阵元素乘法求和并叠加偏差量，简化后的卷积核的运算公式如式（8-1）所示。图8-15所示为某二维卷积运算示意图，输入图像（通道数，高度，宽度）大小为（1，5，5），卷积核大小为（3，3），偏置项为0，卷积后，得到一个（1，3，3）的卷积输出（feature map）。

$$f(x) = \sum_{i}^{kernel\_size} w_i x_i + b \tag{8-1}$$

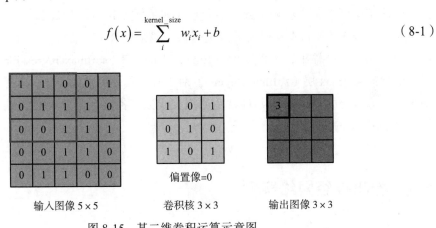

输入图像 5×5　　　卷积核 3×3　　　输出图像 3×3

图 8-15　某二维卷积运算示意图

2. 激活函数

在卷积神经网络中，一般采用线性整流函数（Rectified Linear Unit，ReLU），或者 ReLU 的变体，如有斜率的 ReLU（Leaky ReLU，LReLU）、参数化的 ReLU（Parametric ReLU，PReLU）、随机化的 ReLU（Randomized ReLU，RReLU）、指数线性单元（Exponential Linear Unit，ELU）等，作为激活函数。当输入大于 0 时，神经元被激活；当输入小于等于 0 时，神经元被抑制。激励函数操作通常在卷积核之后。

8.3.4　池化层

池化层（Pooling Layer）的作用是舍弃部分冗余的信息，减少计算量，防止过拟合。池化层参数有池化大小、步长。与卷积层相同，池化层使用滑动窗口在输入上进行滑动，每次滑动一个步长，滑动窗口的大小就是池化大小。区别于卷积层，池化层不存在变量，不需要训练。常用的池化层有平均池（Average Pooling），最大池（Max Pooling）。平均池即求滑动窗口中所有数的平均值，最大池即求滑动窗口中所有数的最大值。图8-16所示为最大池池化操作示意图。

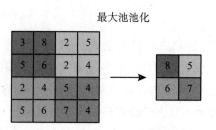

图 8-16　最大池池化操作示意图

8.3.5　全连接层

全连接层（fully-connected layer）中的每个神经元与其前一层的所有神经元进行全连接。全连接层可以整合卷积层或者池化层中具有类别区分性的局部信息。为了提升 CNN 网络性能，全连接层每个神经元的激励函数一般采用 ReLU 函数。最后一层全连接层的输出值被传递给一个输出，可以采用 softmax 逻辑回归（softmax regression）进行分类，该层也可称为 softmax 层（softmax layer）。对于一个具体的分类任务，选择一个合适的损失函数是十分重要的，CNN 有几种常用的损失函数，各自有其不同的特点。CNN 的训练算法一般采用 BP 算法。

8.4　卷积神经网络实例

本例用图像识别方法实现水尺水位的监测，具体采取 Python 和 MATLAB 混合编程方法，利用 MobileNet V2 网络进行迁移学习，实现来水尺计数的获取，迁移学习是一种图像处理领域的常用方法。在大多数时候，并不能找到一个合适的网络结构完美对应需要解决的问题，此时就需要迁移其他模型的底层部分。这些模型通常适用于解决相似的问题，例如在本例中，当判别水尺读数时，就需要迁移一个用于物体分类或者目标检测的网络。MobileNet V2 是一个很好的选择，它在 ImageNet 数据集上的分类任务表现相当出色，应用它的底层结构可以较好地提取图像的特征。

8.4.1　Python 和 MATLAB 混合编程

在编程之前，需要在 Python 中先安装 TensorFlow 库，使用其中的函数进行模型建立和训练后，可以将模型结构及其参数保存为 h5 文件。而在 MATLAB 中，使用 py. 加上库名即可调用 Python 中对应的库。使用 py.tensorflow.keras.models.load_model() 函数加载已经训练好的模型即可，再对模型进行一次前向传播即可，流程如图 8-17 所示。

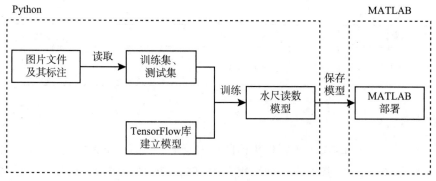

图 8-17 流程图

8.4.2 Python 训练及部署

1. 模型结构

本例模型在迁移了 MobileNet V2 的底层结构之后，加上了 dense 层使用 ReLU 函数激活实现对水尺读数，实现端到端的训练和预测，其网络结构如表 8-1 所示。其中 bottleneck 是 MobileNet V2 里的一种基本模块，结构如表 8-2 所示，实现通道从 k 到 k' 变化，并且长宽缩小 s 倍，t 表示 bottleneck 输入通道的倍增系数，不会影响模块的输出通道数；c 表示所用的卷积核数量，即输出的通道数；n 表示层的重复数量；s 表示第一次卷积的间隔，会导致输出长宽的减少。

表 8-1 模型结构

输入	层	t	c	n	s
$448^2 \times 3$	conv2d 3×3	-	32	1	2
$224^2 \times 32$	bottleneck	1	16	1	1
$224^2 \times 16$	bottleneck	6	24	2	2
$112^2 \times 24$	bottleneck	6	32	3	2
$56^2 \times 32$	bottleneck	6	64	4	2
$28^2 \times 64$	bottleneck	6	96	3	1
$28^2 \times 96$	bottleneck	6	160	3	2
$14^2 \times 160$	bottleneck	6	320	1	1
$14^2 \times 320$	conv2d 1×1	-	1280	1	1
$14^2 \times 1280$	avg-pooling	-	-	1	-
$1^2 \times 1280$	flatten	-	-	1	-
1280	dense 1	-	-	1	-

表 8-2 bottleneck 结构

操作	运算	输出
$h \times w \times k$	conv2d 1×1ReLU6	$h \times w \times tk$
$h \times w \times tk$	dwise 3×3ReLU6	$\dfrac{h}{s} \times \dfrac{w}{s} \times tk$

（续）

操作	运算	输出
$\dfrac{h}{s} \times \dfrac{w}{s} \times tk$	conv2d 1×1	$\dfrac{h}{s} \times \dfrac{w}{s} \times k'$

2. 数据集

采用海康 DS-2DC6220IW-A 摄像头拍摄的 383 张水尺图片作为数据集，部分如图 8-18 所示，取大约 80%（307 张）作为训练集，约 20%（76 张）作为测试集。原始图片的分辨率为 1920×1080，为了不占用过大的内存并且匹配神经网络的输入，将其大小调整为 448×448。

图 8-18 水尺原始图片

3. 数据增强

为了扩充训练样本，并且增强模型对图片拍摄中水尺位置变化的适应，本例所采用图片以水平以及垂直平移的方式进行数据增强。在训练集中的图片进入第一层卷积之前，进行数据增强，其增强的结果如图 8-19 所示。值得注意的是图 8-19 是图 8-18 经过分辨率调整后的结果，因此图片的纵横比会发生改变。另外，随机平移使原图片中边缘的一些内容丢失（以镜像填充，如图 8-19 的底部）。数据增强改变了水尺在图片中的相对位置，提高了模型实际使用的鲁棒性。

4. 模型训练

在 RTX2080Ti 平台上训练，设置学习率为恒定值 0.001，进行 1000 次迭代训练，损失函数 L 为均方误差 MSE，如式（8-2）所示。

$$L = \frac{1}{m} \sum_{i=0}^{m} (\hat{y}_i - y_i)^2 \tag{8-2}$$

式（8-2）中，$\hat{y}_i$ 是一个 minibatch 中的第 i 张图片预测的水尺读数；y_i 是实际读数；m 是一个 minibatch 中的图片总数，本例中 $m=16$。

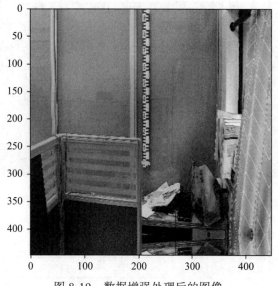

图 8-19　数据增强处理后的图像

训练过程如图 8-20 所示。在 850 个 epoch 之后，训练集 MSE 稳定在 0.1204 左右，测试集 MSE 稳定在 0.1723。考虑到水尺的最小分度为 1cm，对水尺的读数同样存在 0~1cm 的误差，实验得到的均方误差是非常理想的。图 8-20 中的 MSE 曲线存在较大波动的原因有两点：一是在实际训练过程中，为了节省内存，采用 $m=16$ 的批量梯度下降法，因而损失函数变化会出现随机性，但总体趋势是下降的；二是数据增强中的随机平移过程导致每次放入的训练集图片都不一样，模型需要不断地对新的图片进行适应，因此 MSE 的上下抖动是非常合理的。

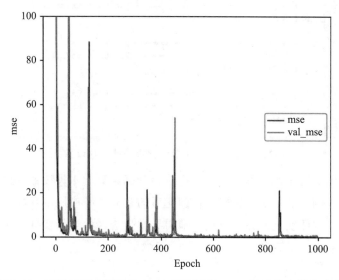

图 8-20　训练过程中训练集 MSE 及测试集 MSE 随迭代次数的变化

5. 结果展示

图 8-21 为再次拍取的 3 张图片，并使用训练好的模型进行读数。其结果如表 8-3 所示。

图 8-21   3 张验证图片

表 8-3   结果展示

编号	1	2	3
预测值	71.01	31.34	64.11
实际读数	70	31	63

6. MATLAB 部署

借助 TensorFlow 中的模型保存功能，训练好的模型可以跨平台在 MATLAB 中部署。在 MATLAB 中加载模型后，对图片进行一次前向传播，即可在 MATLAB 中实现对水尺读数的预测，如图 8-22 所示。由于运行环境不同，此处读数耗时略大于 24ms。

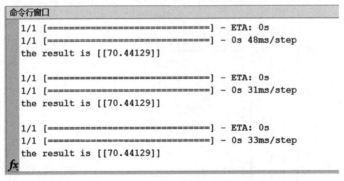

图 8-22   在 MATLAB 中对三张验证图片读数计时

该算法完整地实现了水尺图像的特征提取，准确计算出水尺读数，达到了端到端的训练、预测效果。本例来源于实际科研，将简化后的实验系统应用于深度学习相关的课程实验教学，成本低，方便实现，并且可更好地引导学生选择恰当的实现方法，有利于培养学生的深度学习技术的应用能力。

7. 源代码

Python 端：

```
# 导入相应库

import tensorflow as tf
import numpy as np
import matplotlib.pyplot as plt
%matplotlib inline
# 设置批量大小
BATCH_SIZE = 32
# 设置图像像素
IMG_SIZE = (448,448)
# 设置训练图像路径
directory = "data_v3/"
# 定义训练数据集和测试数据集
train_dataset = tf.keras.utils.image_dataset_from_directory(directory,
                                           label_mode='categorical',
                                           shuffle=True,
batch_size=BATCH_SIZE,
                                           image_size=IMG_SIZE,
                                           validation_split=0.2,
                                           subset='training',
                                           seed=42)
    validation_dataset = tf.keras.utils.image_dataset_from_directory(directory,
                                           label_mode='categorical',
                                           shuffle=True,
batch_size=BATCH_SIZE,
image_size=IMG_SIZE,
                                           validation_split=0.2,
                                           subset='validation',
                                           seed=42)
# 将训练集和测试集转化为 numpy 格式
X_train=[]
Y_train=[]
for batch in train_dataset:
    for i in range(batch[0].shape[0]):
        X_train.append(batch[0][i])
    for i in range(batch[1].shape[0]):
        Y_train.append(tf.argmax(batch[1][i],axis=-1))
X_train=np.array(X_train)
Y_train=np.array(Y_train)
print(X_train.shape)
print(Y_train.shape)
plt.imshow(X_train[0]/255)
print(Y_train)
X_test=[]
Y_test=[]
for batch in validation_dataset:
    for i in range(batch[0].shape[0]):
        X_test.append(batch[0][i])
    for i in range(batch[1].shape[0]):
        Y_test.append(tf.argmax(batch[1][i]))
X_test=np.array(X_test)
```

```
Y_test=np.array(Y_test)
print(X_test.shape)
print(Y_test.shape)
# 定义模型
def alpaca_model(image_shape=(448,448)):
    input_shape = image_shape + (3,)
    # 导入 MobileNetV2
    base_model = tf.keras.applications.MobileNetV2(input_shape=input_shape,
                                           include_top=False,
                                           weights='imagenet')
    base_model.trainable = True
    # 定义输入
    inputs = tf.keras.Input(shape=input_shape)
     x=inputs
    # 数据增强，将图片随机平移
     x=tf.keras.layers.RandomTranslation((-0.1,0,1),(-0.1,0.1))(x)
    x = base_model(x, training=True)
    x= tf.keras.layers.AveragePooling2D((14,14),strides=14)(x)
     x = tf.keras.layers.Flatten()(x)
    x = tf.keras.layers.Dense(1,activation='relu')(x)
    # 定义输出
    outputs = x
     model = tf.keras.Model(inputs, outputs)
    return model
# 获得模型
model = alpaca_model()
model.summary()
# 选择模型训练的优化器、损失函数
model.compile(
            optimizer=tf.keras.optimizers.Adam(learning_rate=0.001),
            loss='mse',
            metrics='mse',)
# 开始训练
history=model.fit(X_train,Y_train,batch_size=8,validation_data=[X_test,Y_test],
    epochs=1000,shuffle=False)
# 生成 mse 训练过程曲线
plt.plot(history.history['mse'], label='mse',linewidth=1)
plt.plot(history.history['val_mse'], label = 'val_mse',linewidth=1)
plt.xlabel('Epoch')
plt.ylabel('mse')
plt.legend(loc='right')
plt.ylim(0,100)
plt.show()
# 保存模型
model.save('model_v4.h5')

MATLAB 端：
# 载入模型
model = py.tensorflow.keras.models.load_model('model_v4.h5');
# 设置输入图像像素
size=py.tuple({py.int(448),py.int(448)});
```

```
while 1
py.cv2.destroyAllWindows()
#读取图像
img = py.cv2.imread('1.jpg');
#转化分辨率
img = py.cv2.resize(img,size);
img = py.numpy.expand_dims(img,py.int(0));
#进行预测
result = model.predict(img);
#输出预测结果
py.print('the result is',result);
pause(2)
end
```

习题

1. 什么是机器学习？深度学习与普通神经网络有什么不同？
2. 假设一个人工神经网络采用无反馈的层内无互连层次结构，其中：输入层包含 6 个节点，输出层包含 2 个节点，2 个隐藏层分别包含 3 个节点和 2 个节点，各层节点之间采用全连接方式。请给出该神经网络的拓扑结构图。
3. 假设一个人工神经网络采用有反馈的互连非层次结构，其中包含 5 个节点，节点之间采用全连接方式。请给出该神经网络的拓扑结构图。
4. 在人工神经网络的学习方式中，试举例说明无监督的学习方式和有监督的学习方式的区别。
5. 卷积神经网络主要包括哪几层？试简单说明。
6. 试分别说明激活函数 Sigmoid 和 ReLU 的数学公式。ReLU 激活函数具有哪些特点？

第9章 界面设计及嵌入式仿真

系统仿真需要应用各项技术,比如图形用户界面(Graphical User Interface,GUI)、App 设计和嵌入式系统仿真等,本章将主要介绍 GUI 设计、App 设计及嵌入式仿真等。

9.1 GUI 设计

图形用户界面(GUI)是指采用图形方式显示的计算机操作用户界面。图形用户界面是一种人与计算机通信的界面显示格式,允许用户使用鼠标等输入设备操纵屏幕上的图标或菜单选项,以选择命令、调用文件、启动程序或执行一些日常任务。GUI 的实现一般有两种方式,以 MATLAB 为例,一种是采用 MATLAB GUI 设计工具 GUIDE(Graphical User Interfaces Development Environment),另一种是使用纯代码生成。下面进行简单介绍。

9.1.1 GUIDE 设计工具

MATLAB 中 GUI 的设计可以由其设计工具 GUIDE 实现。在 MATLAB 的命令行窗口中键入 guide 可以打开 GUIDE,可以将其视为一个简单的 GUI 应用程序的开发向导。利用它可以使用鼠标方便地在窗体上添加各种各样的控件,而且它会负责生成一个 M 文件,里边定义了各个控件的回调函数,简化了 GUI 应用程序的开发。

GUIDE 是由窗口、光标、按键、菜单、文字说明等对象(object)构成的一个用户界面。用户通过一定的方法(如鼠标或键盘)选择、激活这些图形对象,使计算机产生某种动作或变化,比如实现计算、绘图等。

在设计时,从 MATLAB 命令窗口输入 GUIDE 命令或单击工具栏中的 guide 图标都可以打开空白的布局编辑器,在命令窗口输入 GUIDEfilename 可打开一个已存在的名为 filename 的图形用户界面。具体步骤如下。

1)将控件对象放置到布局区:用鼠标选择并放置控件到布局区内;移动控件到适当的位置;改变控件的大小;选中多个对象的方法。

2)激活图形窗口:选择 Tools 菜单中的 Activate Figure 项或单击工具条上的 Activate Figure 按钮,在激活图形窗口的同时将存储 M 文件和 FIG 文件,如果所建立的布局还没有进行存储,用户界面开发环境将打开一个 Save As 对话框,按输入的文件的名字存储一对同名的 M 文件和带有 .fig 扩展名的 FIG 文件。

3）运行 GUI 程序：在命令窗口直接键入文件名或者用 openfig、open 或 hgload 命令运行 GUI 程序。

4）布局编辑器参数设置：选择 File 菜单下的 Preferences 菜单项打开参数设置窗口，单击树状目录中的 GUIDE，即可设置布局编辑器的参数。

5）菜单编辑器（menu editor）：包括菜单的设计和编辑，菜单编辑器有 8 个快捷键，可以利用它们任意添加或删除菜单，可以设置菜单项的属性，包括名称（label）、标识（tag）、选择是否显示分隔线（separator above this item）、是否在菜单前加上选中标记（item ischecked）及调用函数（callback）等。

6）对象浏览器（object browser）：用于浏览当前程序所使用的全部对象信息，可以在对象浏览器中选择一个或多个控件来打开该控件的属性编辑器。

9.1.2　控件对象及属性

1. GUI 控件对象类型

控件对象是事件响应的图形界面对象。当某一事件发生时，应用程序会做出响应并执行某些预定的功能子程序。

2. 控件对象的描述

MATLAB 中的控件大致可分为两种：一种为动作控件，用鼠标单击这些控件时会产生相应的响应；另一种为静态控件，是一种不产生响应的控件，如文本框等。每种控件都有一些可以设置的参数，用于表现控件的外形、功能及效果，即属性。属性由属性名和属性值两部分组成，它们必须是成对出现的。

1）按钮（push button）：执行某种预定的功能或操作。

2）开关按钮（toggle button）：产生一个动作并指示一个二进制状态（开或关），当用鼠标单击它时，按钮将下陷，并执行 callback（回调函数）中指定的内容，再次单击，按钮复原，并再次执行 callback 中的内容。

3）单选框（radio button）：单个的单选框用来在两种状态之间切换，多个单选框组成一个单选框组时，用户只能在一组状态中选择单一的状态，或称为单选项。

4）复选框（check box）：单个的复选框用来在两种状态之间切换，多个复选框组成一个复选框组时，可使用户在一组状态中做组合式的选择，或称为多选项。

5）文本编辑器（editable text）：用来使用键盘输入字符串的值，可以对编辑框中的内容进行编辑、删除和替换等操作。

6）静态文本框（static text）：仅仅用于显示单行的说明文字。

7）滚动条（slider）：可输入指定范围的数量值。

8）边框（frame）：在图形窗口圈出一块区域。

9）列表框（list box）：在其中定义一系列可供选择的字符串。

10）弹出式菜单（popup menu）：让用户从一列菜单项中选择一项作为参数输入。

11）坐标轴（axes）：用于显示图形和图像。

3. 控件对象的属性

用户可以在创建控件对象时，设定其属性值，未指定时将使用系统缺省值。控件对象属性有两大类：第一类是所有控件对象都具有的公共属性；第二类是控件对象作为图形对象所具有的属性。

1）控件对象的公共属性：Children 取值为空矩阵，因为控件对象没有自己的子对象；Parent 取值为某个图形窗口对象的句柄，该句柄表明了控件对象所在的图形窗口；Tag 取值为字符串，定义了控件的标识值，在任何程序中都可以通过这个标识值控制该控件对象；Type 取值为 uicontrol，表明图形对象的类型；UserDate 取值为空矩阵，用于保存与该控件对象相关的重要数据和信息；Visible 取值为 no 或 off。

2）控件对象的基本控制属性：BackgroundColor 取值为颜色的预定义字符或 RGB 数值；Callback 取值为字符串，可以是某个 M 文件名或一小段 MATLAB 语句，当用户激活某个控件对象时，应用程序就运行该属性定义的子程序；Enable 取值为 on（缺省值）、inactive 或 off；Extend 取值为四元素矢量，记录控件对象标题字符的位置和尺寸；ForegroundColor 取值为颜色的预定义字符或 RGB 数值；Max 和 Min 的取值都为数值；String 取值为字符串矩阵或数组，定义控件对象标题或选项内容；Style 取值可以是 pushbutton、radiobutton、checkbox、edit、text、slider、frame、popupmenu 或 listbox；Units 取值可以是 pixels、normalized、inches、centimeters 或 points；Value 取值可以是矢量，也可以是数值，其含义及解释依赖于控件对象的类型。

3）控件对象的修饰控制属性：FontAngle 取值为 normal、italic、oblique；FontName 取值为控件标题等字体的字库名；FontSize 取值为数值；FontWeight 取值为 points、normalized、inches、centimeters 或 pixels；HorizontalAligment 取值为 left、right，定义对齐方式等。

4）控件对象的辅助属性：ListboxTop 取值为数量值；SliderStop 取值为两元素矢量 [minstep, maxstep]，用于 slider 控件；Selected 取值为 on 或 off；SelectionHighlight 取值为 on 或 off；Callback 管理属性；BusyAction 取值为 cancel 或 queue；ButtDownFun 取值为字符串，一般为某个 M 文件名或一小段 MATLAB 程序；Creatfun 取值为字符串，一般为某个 M 文件名或一小段 MATLAB 程序；DeletFun 取值为字符串，一般为某个 M 文件名或一小段 MATLAB 程序；HandleVisibility 取值为 on、callback 或 off；Interruptible 取值为 on 或 off 等。

9.1.3　GUI 设计案例

一个完整的 GUI 设计包括图形界面的设计和功能设计两个方面，一般有如下步骤。

首先，设计图形界面，一般包括：在布局编辑器中布置控件；使用几何位置排列工具对控件的位置进行调整；设计控件的属性；设置其他绘图属性。

其次，设置控件的标识（set the tag of controller）。控件的标识（tag）是对于各控件的识别，每个控件在创建时都会由开发环境自动产生一个标识，在程序设计中，为了便于编辑、记忆和维护，一般需要为控件设置一个新的标识。

最后，编写代码（edit code）。GUI 图形界面的功能，需要编制特定的程序来实现。为实现特定的功能，就要在运行程序前编写一些代码，完成程序中变量的赋值、输入 / 输出、计算及绘图等操作。

下面以控制系统中某二阶系统对不同输入的响应为例来演示创建图形用户界面的一些基本操作。

【例 9-1】设计 GUI 来演示二阶系统 $G(s) = \dfrac{1}{s^2 + 0.3s + 1}$ 在不同输入信号（脉冲、阶跃、速度或加速度）作用下的响应曲线。具体步骤如下。

1）新建 GUI，有两种方式：在 Command Window 中输入 guide → Create New GUI，或依次选择 Home → New → Graphical User Interface。注意：勾选 Save new figure as，可选择存储路径，并对文件命名。如图 9-1 所示，本例选择默认的 Blank GUI（Default），之后单击"确定"按钮。

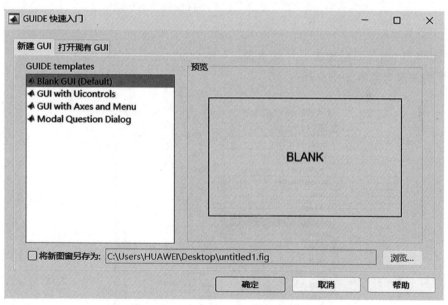

图 9-1　GUIDE 设计默认窗口

2）搭建 GUI 框架。

通过调整版面大小，点选"坐标区"图标，在工作区适当的位置设计期望大小的"轴框"，供绘制响应曲线使用；点选"静态文本"图标，放置于"轴框"上方，点选"列表框"图标，放置于"轴框"右方，"按钮"图标放置于"轴框"下方，具体如图 9-2 所示。

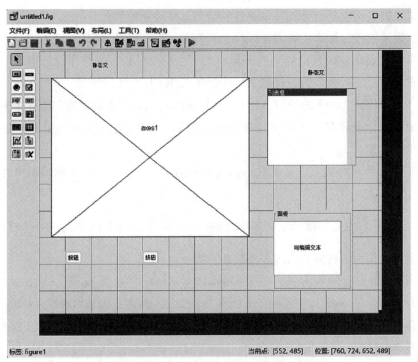

图 9-2　加"轴框"后的界面编辑器示意图

3）设置界面组件参数。

工作区内的图形或对象由属性检查器（inspector）进行设置，如图 9-3 所示，可以双击待设置的图形对象打开检查器。

图 9-3　检查器示意图

根据图 9-4 所示的界面草图对相关控件进行设置，各控件具体说明如表 9-1 至表 9-7 所示。

表 9-1 "静态文本"控件

属性	属性值	说明
Units	normalized	采用相对度量单位，缩放时保持该区比例
FontUnits	normalized	采用相对度量单位，缩放时保持该区比例
FontSize	0.6	字体大小，该控件相对高度为 1
String	二阶系统 $G(s) = \dfrac{1}{s^2 + 0.3s + 1}$ 输入响应曲线	直接输入文本区待显示字符

表 9-2 Axes1 控件

属性	属性值	说明
Box	on	轴框封闭
Units	normalized	采用相对度量单位，缩放时保持该区比例
XGrid	on	垂直于 x 轴的分格线
XMinorGrid	on	垂直于 x 轴的细分格线
XLim	[0, 15]	x 轴范围
YGrid	on	垂直于 y 轴的分格线
YMinorGrid	on	垂直于 y 轴的细分格线
YLim	[0, 2]	y 轴范围

表 9-3 "列表框"控件

属性	属性值	说明
Units	normalized	采用相对度量单位，缩放时保持该区比例
FontUnits	normalized	采用相对度量单位，缩放时保持该区比例
FontSize	0.2	字体大小，该控件相对高度为 1
Max	2	多行输入
String	单位脉冲、单位阶跃、单位速度和单位加速度	直接输入文本区待显示字符

表 9-4 "按钮"控件

属性	属性值	说明
Units	normalized	采用相对度量单位，缩放时保持该区比例
FontUnits	normalized	采用相对度量单位，缩放时保持该区比例
FontSize	0.6	字体大小，该控件相对高度为 1
String	绘制	直接输入文本区待显示字符
Tag	btnDraw	标识符
TooltipString	输入参数	输入参数

表 9-5 "按钮"控件

属性	属性值	说明
Units	normalized	采用相对度量单位，缩放时保持该区比例
FontUnits	normalized	采用相对度量单位，缩放时保持该区比例
FontSize	0.6	字体大小，该控件相对高度为1
String	关闭	直接输入文本区待显示字符
Tag	btnDraw	标识符
TooltipString	输入参数	输入参数

表 9-6 "面板"控件

属性	属性值	说明
Tag	unipanel	标识符
Title	空格	标题

表 9-7 "可编辑文本"控件

属性	属性值	说明
Units	normalized	采用相对度量单位，缩放时保持该区比例
FontUnits	normalized	采用相对度量单位，缩放时保持该区比例
FontSize	0.12	字体大小，该控件相对高度为1
String	请输入信号，如 $G(s)=1/s$	直接输入文本区待显示字符
Max	2	多行输入

设置完成后的界面草图如图 9-4 所示。

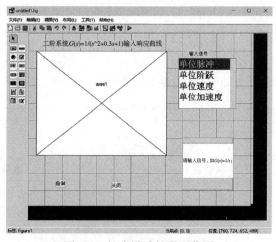

图 9-4 初步设计的界面草图

4）设计程序代码。

根据设计要求，在选择输入信号时需要设置回调函数，在"绘制"和"关闭"两个按钮控件运行时也要设置回调函数。

　　首先是回调函数的定位（如果已经退出 GUI 编辑框，可在 Command Window 中输入 guide 进入）：选中保存的模块文件并右击→ View Callbacks → Callback，即可打开对应的函数模块。

设置"绘制"按钮回调函数，具体代码如下：

```
% --- 按下 pushbutton2. 按钮时执行
function pushbutton1_Callback(hObject,eventdata,handles)
try
    str=char(get(handles.strCode,'String')); % 将在代码区输入的代码转换成数组
    str0=[];
    for ii=1:size(str,1)% 对 str 的每行操作
        str0=[str0,deblank(str(ii,:))]; % 将 str 第 ii 行去掉空格后作为向量 str0 的一个元素
            end
    eval(str0); % 执行代码
    axes(handles.axes1); % 将 axes1 设为当前坐标系
    plot(x,y);% 绘制曲线
    catch
    errordlg(' 请检查输入数据！'); % 如有数据错误，捕获并给出提示
    end
```

设置"关闭"按钮回调函数，具体代码如下：

```
% --- 按下 pushbutton3 按钮时执行
function btnClose_Callback(hObject, eventdata, handles)
close(gcf)% 关闭当前图形窗口
```

设置"输入信号"列表框回调函数，具体代码如下：

```
function listbox1_Callback(hObject, eventdata, handles)
% --- 在设置所有属性后，在对象创建中执行
function lstBox_Callback(hObject, eventdata, handles)
v = get(handles.listbox1, 'value');
switch v
    case 1,
        str1 = 'nump = 1; denp = [1,0.3,1];';
        str2 = 't=0:0.1:15;'
        str3 = '[y,t,x]=impulse(nump, denp, t);';
        set(handles.strCode, 'String', char(str1,str2,str3));
        set(handles.uipanel, 'Title',' 单位脉冲 ');
    case 2,
        str1 = 'numg = 1; deng = [1 0.3 1];';
        str2 = 't=0:0.1:15;'
        str3 = '[y,t,x]=step(numg, deng, t);';
        set(handles.strCode, 'String', char(str1,str2,str3));
        set(handles.uipanel, 'Title',' 单位阶跃 ');
    case 3,
        str1 = 'numpd = 1; denpd = [1,0.3,1,0];';
        str2 = 't=0:0.1:15;'
        str3 = '[y,t,x]=step(numpd, denpd, t);';
        set(handles.strCode, 'String', char(str1,str2,str3));
        set(handles.uipanel, 'Title',' 单位速度 ');
```

```
case 4,
    str1 = 'numpi=0.5; denpi=[1,0.3,1,0,0];';
    str2 = 't=0:0.1:15;'
    str3 = '[y,t,x]=step(numpi, denpi, t);';
    set(handles.strCode, 'String', char(str1,str2,str3));
    set(handles.uipanel, 'Title',' 单位加速度 ');
end
```

这样程序就设计完成了，运行后，选择不同的输入信号，其结果如图 9-5 所示。

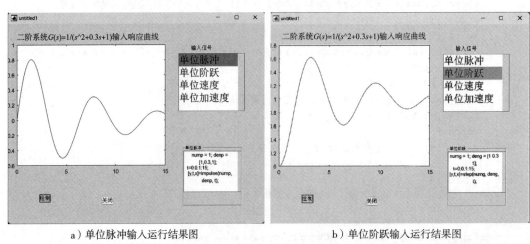

a）单位脉冲输入运行结果图   b）单位阶跃输入运行结果图

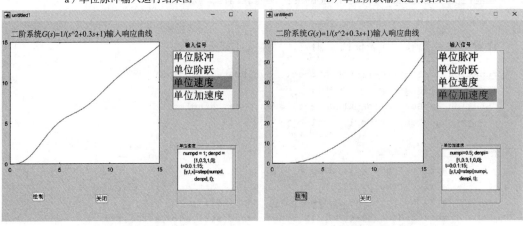

c）单位速度输入运行结果图   d）单位加速度输入运行结果图

图 9-5　不同输入信号运行后的结果图

9.2　App 设计

MATLAB 中的 App 设计工具 App Designer 是一个交互式开发环境，用于设计 App 布局并对其行为进行编程。MATLAB App Designer 对于创建、测试和分享应用程序来说，是一个全面的解决方案，无论你是初学者还是经验丰富的开发者，它都是一个很有用的工具。

App 设计工具的用户界面的构成要素是组件，它是可重复使用并且可以和其他对象进行交互的对象，是封装了一个或多个实体程序模块的实体，并且可以复用。作为对比，GUIDE 设计的用户界面的构成要素是控件，控件是一种特殊的组件，仅用于可视化呈现数据。

9.2.1 App Designer 设计工具

1. 启动 App Designer

打开 App Designer 有两种方法：在 MATLAB 桌面中，选择"主页"选项卡，单击工具栏中的"新建"按钮，从弹出的命令列表中选择 App 下的命令项"App 设计工具"，打开 App Designer；在 MATLAB 命令行窗口输入 appdesigner 命令，打开 App Designer。

2. App Designer 窗口

如图 9-6 所示，App Designer 窗口由快速访问工具栏、功能区和 App 编辑器组成。功能区提供了操作文件、打包程序、运行程序、调整用户界面布局及编辑调试程序等的工具。功能区的工具栏与快速访问工具栏中的"运行"按钮都可运行当前 App。App Designer 用于用户界面设计和代码编辑，用户界面的设计布局和功能的实现代码都存放在同一个 .mlapp 文件中。App 编辑器包括设计视图和代码视图，选择不同的视图，编辑器窗口的内容也不同。

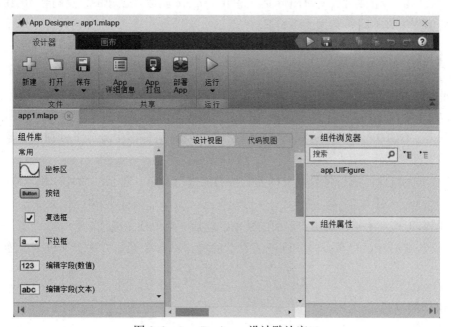

图 9-6　App Designer 设计默认窗口

（1）设计视图

设计视图用于编辑用户界面。选择设计视图时，设计器窗口左边是组件库面板，右边是组件浏览器和属性面板，中间区域是用户界面设计区，称为画布。组件库提供了构建应用程序用户界面的组件模板，如坐标轴、按钮、仪表盘等。组件浏览器用于查看界面的组织架构，属性面板用于查看和设置组件的外观特性。设计视图功能区的第 2 个选项卡是"画布"。"画布"选项卡中的按钮用于修改用户界面的布局，包括对齐对象、排列对象、调整间距、改变视图显示模式等工具。

（2）代码视图

代码视图用于编辑、调试、分析代码。选择代码视图时，设计器窗口左边是代码浏览器和 App 的布局面板，右边是组件浏览器和属性检查器，中间区域是代码编辑区。代码浏览器用于查看和增删图形窗口和控件对象的回调、自定义函数及应用程序的属性，回调定义对象怎样处理信息并响应某事件，属性用于存储回调和自定义函数间共享的数据。代码视图的属性检查器用于查看和设置组件的值、值域、是否可见、是否可用等控制属性。代码视图功能区的第 2 个选项卡是"编辑器"。"编辑器"选项卡有 7 组按钮，其中，"插入"组按钮用于在代码中插入回调、自定义函数和属性，"导航"组按钮用于在 .mlapp 文件中快速定位和查找内容，"编辑"组按钮用于增删注释、编辑代码格式。

9.2.2 App 组件及属性

App 组件对象是构成应用程序用户界面的基本元素，可以在设计视图中用组件库中的组件来生成组件对象，也可以在代码中调用 App 组件函数（如 uiaxes 函数、uibutton 函数等）来创建它们。组件对象所属图形窗口是用 uifigure 函数来创建的，这与在 GUIDE 中建立的传统图形窗口不同。具体说明如下。

1. 组件的种类及作用

App Designer 将组件按功能分成 4 类。

1）常用组件：与 GUIDE 中功能相同、外观相似的组件，包括坐标区、按钮、列表框、滑块等。GUIDE 中的"可编辑文本"控件在 App 组件库中分成了分别用于输入数值和文本的两种"编辑字段"组件。

2）容器类组件：用于将界面上的元素按功能进行分组，包括"面板"和"选项卡组"组件。

3）图窗工具：用于建立用户界面的菜单，包括"菜单栏"组件。

4）仪器类组件：用于模拟实际电子设备的操作平台和操作方法，如仪表、旋钮、开关等。

2. 组件的属性

组件对象与控件对象相比，属性较少，常见属性如下。

1）Enable 属性：用于控制组件对象是否可用，取值是 On（默认值）或 Off。

2）Value 属性：用于获取和设置组件对象的当前值。对于不同类型的组件对象，其意义和可取值是不同的，具体有四种属性：对于数值编辑字段、滑块、微调器、仪表、旋钮对象，Value 属性值是数；对于文本编辑字段、分段旋钮对象，Value 属性值是字符串；对于下拉框、列表框对象，Value 属性值是选中的列表项的值；对于复选框、单选按钮、状态按钮对象，当对象处于选中状态时，Value 属性值是 true，当对象处于未选中状态时，Value 属性值是 false；对于开关对象，当对象位于 On 档位时，Value 属性值是字符串 On，当对象位于 Off 档位时，Value 属性值是字符串 Off。

3）Limits 属性：用于获取和设置滑块、微调器、仪表、旋钮等组件对象的值域。属性值是一个二元向量 $[L_{min}, L_{max}]$，L_{min} 用于指定组件对象的最小值，L_{max} 用于指定组件对象的最大值。

4）Position 属性：用于定义组件对象在界面中的位置和大小，属性值是一个四元向量 $[x, y, w, h]$。x 和 y 分别为组件对象左下角相对于父对象的 x、y 坐标，w 和 h 分别为组件对象的宽度和高度。

9.2.3　App 类

App Designer 设计采用面向对象设计模式，声明对象、定义函数、设置属性和共享数据都封装在一个类中，一个 .mlapp 文件就是一个类的定义。数据变成了对象的属性，函数变成了对象的方法。

1. App 类的基本结构

App 类的基本结构如下所示：

```
classdef 类名 < matlab.apps.AppBase
    properties (Access = public)
    …
    end
    methods (Access = private)
        function 函数1(app)
        …
        end
        function 函数2(app)
        …
        end
    end
end
```

其中，classdef 是类的关键字，类名的命名规则与变量的命名规则相同。后面的 "<" 引导的一串字符表示该类继承于 MATLAB 的 Apps 类的子类 AppBase。properties 段是属性的定义，主要包含属性声明代码。methods 段是方法的定义，由若干函数组成。App 设计工具自动生成一些函数框架。控件对象的回调函数有两个参数，其他函数则大多只有一个参数 app。参数 app 存储了界面中各个成员的数据，event 存储事件数据。

2. 访问权限

存取数据和调用函数称为访问对象成员。对成员的访问有两种权限限定，即私有的（private）和公共的（public）。私有成员只允许在本界面中访问，公共成员则可用于与 App 的其他类共享数据。在 .mlapp 文件中，属性的声明、界面的启动函数 startupFcn、建立界面组件的函数 createComponents，以及其他回调函数，默认是私有的。

3. 运行 App

运行 App 有三种方法：在 App 设计器窗口中按 <F5> 键或单击工具栏上的"运行"命令按钮；在 MATLAB 主窗口的当前文件夹双击 MLAPP 文件；在命令行窗口输入 MLAPP 文件的主文件名。

4. 打包 App 应用

单击 App Designer 窗口的"设计器"选项卡工具栏中的"App 应用打包"按钮，弹出"应用程序打包"对话框。

9.2.4　App 设计案例

【例 9-2】使用 App Designer 设计演示 PID 参数变化对二阶系统 $G(s)=\dfrac{1}{s^2+s+1}$ 在阶跃信号作用下的响应曲线。具体步骤如下。

1. 新建 App

新建 App 有两种方式：在 MATLAB 主界面菜单栏中选择 App 菜单"设计 App"；在命令行直接输入 appdesigner，打开 App 设计工具，新建一个空白界面。

2. 界面设计

为了实现 PID 参数变化对二阶系统 $G(s)=\dfrac{1}{s^2+s+1}$ 在阶跃信号作用下的响应曲线展示，以及功能的运转，拖入了"坐标区"、两个"按钮"、三个"滑块"等模块，设计了如图 9-7 所示的工作界面。

3. 程序代码设计

（1）KP、KI、KD 三个滑块代码设计

由于 KP、KI、KD 三个滑块的代码几乎相同，因此仅显示 KP 滑块的代码，具体代码如下。

```
% KpSlider 值更改函数
function KpSliderValueChanging(app, event)
```

```
      syms s
      changingValue = event.Value;
      KP=changingValue;
      KI=app.KISlider.Value;
      KD=app.KDSlider.Value;
G=(KP+KI/s+KD*s)/(s^2+2.0*s+1);
GResponse =G/((1+G)*s);
OUTPUT =ilaplace(GResponse);
      fplot(app.UIAxes,OUTPUT,[0 5])
      grid(app.UIAxes,"on")
end
```

（2）设置"绘制"按钮回调函数

设置"绘制"按钮回调函数的具体代码如下：

```
% 按钮按下函数：Button
function ButtonPushed(app, event)
      syms s
      KP=app.KPSlider.Value;
      KI=app.KISlider.Value;
      KD=app.KDSlider.Value;
      G=(KP+KI/s+KD*s)/(s^2+2.0*s+1);
      GResponse =G/((1+G)*s);
      OUTPUT =ilaplace(GResponse);
      fplot(app.UIAxes,OUTPUT,[0 5])
      grid(app.UIAxes,"on");
end
```

（3）设置"关闭"按钮回调函数

设置"关闭"按钮回调函数的具体代码如下：

```
% 按钮按下函数：Button_2
function Button_2Pushed(app, event)
cla(app.UIAxes)
```

其结果如图 9-8 所示。

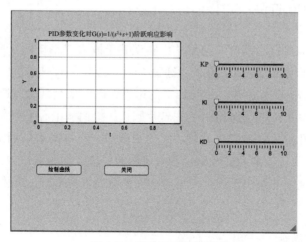

图 9-7　设计的工作界面

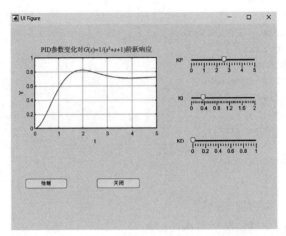

图 9-8　PID 参数变化对二阶系统阶跃响应结果

9.3　嵌入式仿真

嵌入式系统由于体积小、功耗低、功能强、速度快等特点，得到了广泛应用，通常用于操控设备装置，但由于嵌入式系统算力较低、存储空间有限，难以进行复杂系统的设计和试验，因此实际应用中模拟仿真技术成为嵌入式系统设计的主要方法之一。首先，嵌入式仿真设计是面向模型为主的设计方法，可以大大缩短嵌入式系统的研发时间，仿真技术可以模拟实际系统的运行环境，在系统的设计、调试和验证方面有独特优势，提高了系统的稳定性和可靠性；其次，对于某些极端条件的控制系统，如航空、航天、深渊和极温等工作环境，仿真技术可以有效减少试验次数，从而缩短系统开发时间、降低研发成本；最后，嵌入式仿真技术将为系统的运维及升级提供参考、指导和保障。

下面以基于树莓派嵌入式深度学习系统的水质透明度检测为例，说明嵌入式系统仿真设计的实现。

9.3.1　应用案例说明

本例采用计算机视觉和深度学习算法，实现基于嵌入式系统的水质透明度检测方法，具体来说，就是采用树莓派嵌入式系统，通过 YOLOv5 网络按帧检测图像或者实时检测视频中的塞氏盘 [⊖] 是否达到刚好看不清黑白盘的边界，以此来判别水质透明度。其中塞氏盘如图 9-9 所示，它是一个直径 200mm 的白铁片圆板，板面从中心平分为四个部分，黑白相间，在圆盘的中心孔穿一条细绳，并将皮尺的一端固定在塞氏盘上用来测量水质透明度。具体实施步骤包括：1）获取塞氏盘图像和水尺图像并输入树莓派嵌入式系统。2）通过设于树莓派嵌入式系统中的塞氏盘识别模型对塞氏盘图像进行推理，若推理结果为塞氏盘图

⊖　塞氏盘又称透明度盘。——编辑注

像中塞氏盘达到看不清状态；则执行下一个步骤。3）在树莓派嵌入式系统中从水尺图像获取水尺读数数据。

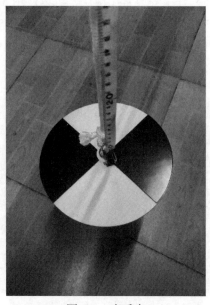

图 9-9 塞氏盘

9.3.2 树莓派嵌入式平台设计

1. 树莓派选型

树莓派（Raspberry Pi）是一种单板计算机，由英国的 Raspberry Pi 基金会开发和推广。它采用 ARM 架构的处理器，运行 Linux 操作系统，并可以连接到各种外设和传感器，通过 GPIO 接口进行控制和数据采集。树莓派的应用范围很广，可以用于物联网、机器人、智能家居、教育、科研等领域，甚至可以用来搭建服务器、媒体中心等应用。目前，树莓派已经推出了多个版本，不同版本的树莓派在性能、内存、接口等方面有所不同。本例选用的树莓派为树莓派 4B/4G 版本，具体如图 9-10 所示。图中主要包括：树莓派主板、亚克力外壳及散热风扇、电源线、网线、内存 SD 卡及摄像头模块等。树莓派 4B 的算力相对于之前的型号有了大幅提升，采用的是 Broadcom BCM2711 处理器，是一款 64 位四核心 ARM Cortex-A72 处理器，时钟频率为 1.5GHz。相对于树莓派 3B+ 的 1.4GHz 四核心 ARM Cortex-A53 处理器，树莓派 4B 的 CPU 性能提升了约 3 倍。此外，树莓派 4B 还配备了 Broadcom VideoCore VI GPU，支持 OpenGL ES 3.0 等标准，该 GPU 的性能相对于树莓派 3B+ 的 VideoCore IV GPU 也有了显著提升，可以处理更复杂的图像和视频。

2. 树莓派 Python 环境搭建

需要对树莓派进行 Python 环境的搭建，主要包括以下步骤。

1）安装操作系统，在清华镜像网站下载树莓派的操作系统，并将其写入 SD 卡中，安装完成后，通过连接显示器、键盘和鼠标来启动树莓派。2）换源，将树莓派源和软件包更改为清华源。3）更新系统软件包。4）安装 Python 3.7。5）安装 pip，pip 是 Python 的包管理器，用于安装第三方模块。6）安装常用模块，可以使用 pip 安装常用的 Python 模块，例如 numpy、pandas、matplotlib 等。7）在树莓派上安装 VNCServer，设置开机自动启动，同时在计算机上安装 VNCViewer，既可以通过远程桌面服务远程操控树莓派，又可以很方便地在计算机及树莓派之间传输文件。

图 9-10　断电及运行中的树莓派系统

3. 深度学习网络设计

YOLO（You Only Look Once）网络是一种目标检测神经网络，属于卷积神经网络的一种。由于需要采用嵌入式系统，本例采用相对简单快速的 YOLOv5 算法，经过简化后的 YOLOv5 算法可以自动地从视频、图像中分析塞氏盘所在，通过调整置信度和非最大抑制参数，该方法可以代替人工判断塞氏盘是否达到刚好消失的深度，而且更加客观高效。

YOLOv5 作为一种高效的目标检测算法，虽然在计算资源充足的条件下能够获得较好的检测效果，但是在树莓派等嵌入式设备上部署时，需要对模型进行适当简化，以便更好地适应计算资源的限制。YOLOv5 在树莓派上的简化主要包括模型压缩、输入图像尺寸调整及调整激活函数等。简化后的网络结构图如图 9-11 所示。

9.3.3　塞氏盘临界位置识别

系统通过设于树莓派嵌入式系统中的塞氏盘识别模型对塞氏盘图像进行识别，以判断塞氏盘图像中塞氏盘是否达到看不清的状态，若识别结果为塞氏盘图像中塞氏盘达到看不清状态，则执行后续步骤。

其中塞氏盘临界位置判断包括图像预处理、根据模型进行推理、后处理、绘制结果等步骤，如图 9-12 所示。

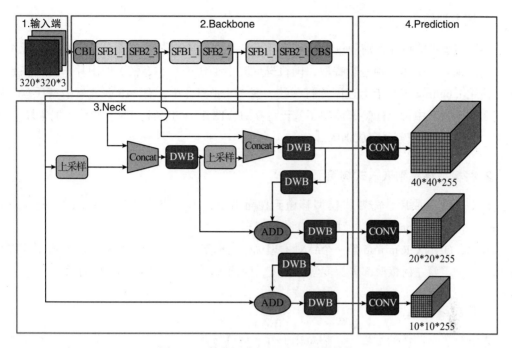

图 9-11　简化后的 YOLOv5 网络结构

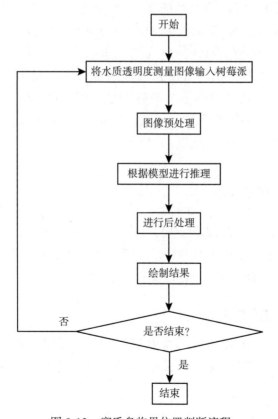

图 9-12　塞氏盘临界位置判断流程

1. 模型训练

为了使模型能精确识别测量中的塞氏盘，本例的数据集是由 32 个使用塞氏盘测量水质透明度的视频，每隔三帧进行提取，随机选取其中 1/10（共 515 张）的图片作为训练数据集。使用 labelimg 工具给上述图片打标签。在 515 张图片中，有 313 张能看清塞氏盘，故标记 313 个，其中每个标签都注明了塞氏盘在对应图片中的坐标。调整参数，配置好 yaml 文件，使用 GPU 服务器完成训练。

2. 将模型移植到嵌入式树莓派系统

模型训练完成后，需要将模型移植到树莓派上，本例使用 ONNX Runtime 框架，先将 .pt 文件转换为 .onnx 文件，再传输进树莓派中。

其中，ONNX Runtime 是一个针对推理优化的框架，可以快速加载 ONNX 模型并进行推理，本例需要在树莓派部署深度学习模型，因此选用 ONNX Runtime 更为适合。

3. 模型推理

先进行单张图像的推理。在树莓派上导入训练好的 "best_disc.onnx" 模型，补充标签字典、模型参数，并构建 "infer_img" 函数，先做好图像预处理，再利用 Onnx Runtime 进行推理。由于模型输出的是归一化之后的坐标，需要先进行反归一化，再进行后处理。之后利用构建好的 "plot_one_box" 函数在图像上画框并标注置信度。最后使用 OpenCV 的 "cv2.imwrite" 函数将画好框的图像输出，完成推理。

完成实时视频的推理。在单张图片推理的基础上，利用 OpenCV 库中的 "cv2. VideoCapture" 函数对树莓派摄像头拍摄到的实时视频进行截图，并放入 "infer_img" 函数进行推理，将推理得到的结果返回后，通过 OpenCV 库的 "cv2.imshow" 函数显示在树莓派远程桌面上，完成实时视频的推理。

9.3.4 水尺读数系统设计

在塞氏盘达到刚好看不清的临界点时，将水尺的图像传入水尺读数系统进行读数，流程如图 9-13 所示，获得水尺图像，经过水尺识别、水尺精细分割及校正步骤后，传入用于字符分类的网络中进行判断，最后再进行数字识别及计算。

1. 水尺识别、精细分割及校正

水尺图像通过阈值分割将水尺从背景中分离出来，并利用分水岭算法对水尺的边界进行精细分割。最后将水尺旋转至水平，水面位于图像 x 方向第 0 个像素点，如图 9-14 所示。

2. 数字识别及计算

水尺上的数字字符识别的训练集为 300 余张清晰水尺照片上截取下来的数字图片，共包含 11 种标签，分别是 0~9 共九个数字以及字母 "m"。训练出结果后，构建函数 "plot_ fig"将识别出的字符绘制在图片上，并输出前两个大数字中间刻度的横坐标。

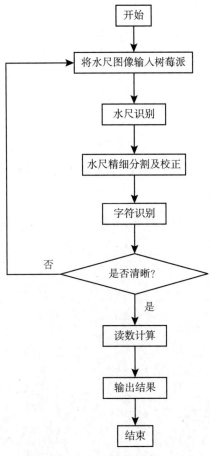

图 9-13　水尺读数系统流程

a）水尺测量原图　　　　　　　　　　b）水尺分离校正后的图像

图 9-14　将水尺测量原图处理后的水尺图像

假设读取的两个大数字分别为 A 和 $A+10$，对应的坐标分别为 X_1 和 X_2，通过比例关系我们不难得出，读数 Y 的公式为：

$$Y = A - \frac{10 \times X_1}{X_2 - X_1}$$

由此得到水尺读数。

9.3.5　测试结果

以图 9-15 所示的某次测试为例，对该图像处理后得到如图 9-16 所示的水尺图像，计算输出结果截屏如图 9-17 所示。

图 9-15　水尺原图

图 9-16　对图 9-15 处理后得到的水尺

```
f28.PNG
30 40
13 157
read = 29.1
```

图 9-17　图 9-15 读数计算结果截屏

该次水质透明度检测误差在 1cm 以内，符合规定的透明度测试要求。

习题

1. 请设计一个 GUI 界面，包含一个坐标轴和两个按钮，当单击第一个按钮时，在坐标上绘制一幅图像，当单击第二个按钮时，可以在界面中输入文字。
2. 请用 App 设计工具设计一个界面，用滑动条绘制不同频率的余弦曲线。
3. 在树莓派上如何实现目标检测？试以 YOLO 网络为例进行说明。

参考文献

［1］薛定宇. 控制系统计算机辅助设计：MATLAB 语言与应用［M］. 3 版. 北京：清华大学出版社，2012.

［2］刘卫国. MATLAB 程序设计与应用［M］. 3 版. 北京：高等教育出版社，2017.

［3］吴礼斌，李柏年，张孔生，等. MATLAB 数据分析方法［M］. 2 版. 北京：机械工业出版社，2018.

［4］石良臣. MATLAB/Simulink 超级学习手册［M］. 北京：人民邮电出版社，2014.

［5］薛定宇，陈阳泉. 基于 MATLAB/Simulink 的系统仿真技术与应用［M］. 北京：清华大学出版社，2011.

［6］余胜威，吴婷，罗建桥. MATLAB GUI 设计入门与实战［M］. 北京：清华大学出版社，2016.

［7］刘金琨. 先进 PID 控制 MATLAB 仿真［M］. 4 版. 北京：电子工业出版社，2016.

［8］王小川，史峰，郁磊，等. MATLAB 神经网络 43 个案例分析［M］. 北京：北京航空航天大学出版社，2013.

［9］刘衍琦，詹福宇，蒋献文，等. MATLAB 计算机视觉与深度学习实战［M］. 北京：电子工业出版社，2017.

［10］杨淑莹，张桦. 群体智能与仿生计算：MATLAB 技术实现［M］. 北京：电子工业出版社，2012.

［11］帕拉斯泽克，托马斯. MATLAB 与机器学习［M］. 李三平，陈建平，译. 北京：机械工业出版社，2018.

［12］张良均，杨坦，肖刚，等. MATLAB 数据分析与挖掘实战［M］. 北京：机械工业出版社，2015.

［13］周英，卓金武，卞月青. 大数据挖掘系统方法与实例分析［M］. 北京：机械工业出版社，2016.

［14］杨帆，王志陶，张华. 精通图像处理经典算法［M］. 北京：北京航空航天大学出版社，2018.

［15］杨丹，赵海滨，龙哲. MATLAB 图像处理实例详解［M］. 北京：清华大学出版社，2013.

［16］陈刚，魏晗，高毫林. MATLAB 在数字图像处理中的应用［M］. 北京：清华大学出版社，2016.

［17］宋知用. MATLAB 语音信号分析与合成［M］. 北京：北京航空航天大学出版社，2018.

［18］谢明. 数字音频技术及应用［M］. 北京：机械工业出版社，2017.

［19］丁亦农，HURST J L. Simulink 与低成本硬件及机电一体化［M］. 北京：清华大学出版社，2017.

［20］金武，魏永生，秦健，等. MATLAB 在数学建模中的应用［M］. 北京：北京航空航天大学出版社，2011.

［21］温正. 精通 MATLAB 智能算法［M］. 北京：清华大学出版社，2015.

［22］哈桑尼，埃默里. 集群智能原理、发展和应用［M］. 夏辉，宋勋，王硕，等译. 北京：电子工业出版社，2017.

［23］张袅娜，冯雷，朱宏殷. 控制系统仿真［M］. 北京：机械工业出版社，2014.

［24］李晓东，智能算法分析与实现 30 例［M］. 北京：电子工业出版社，2018.

［25］王正林，王胜开，陈国顺，等. MATLAB/Simulink 与控制系统仿真［M］. 4 版. 北京：电子工业出版社，2017.

［26］胡寿松. 自动控制原理［M］. 6 版. 北京：科学出版社，2013.

［27］李国勇，程永强. 计算机仿真技术与 CAD：基于 MATLAB 的控制系统［M］. 4 版. 北京：电子工业出版社，2016.

［28］王海英，李双全，管宇. 控制系统的 MATLAB 仿真与设计［M］. 2 版. 北京：高等教育出版社，2019.

［29］赵广元. MATLAB 与控制系统仿真实践［M］. 2 版. 北京：北京航空航天大学出版社，2012.

［30］王正林，刘明，陈连贵. 精通 MATLAB［M］. 3 版. 北京：电子工业出版社，2013.

［31］江泽林，刘维. 实战 MATLAB 之文件与数据接口技术［M］. 2 版. 北京：北京航空航天大学出版社，2014.

［32］刘加海，严冰，季江民，等. MATLAB 可视化科学计算［M］. 杭州：浙江大学出版社，2014.

［33］刘鹏，张燕. 深度学习［M］. 北京：电子工业出版社，2018.

［34］赵小川，何灏. 深度学习理论及实战：MATLAB 版［M］. 北京：清华大学出版社，2021.

［35］邱锡鹏. 神经网络与深度学习［M］. 北京：机械工业出版社，2021.

［36］杨正洪，郭良越，刘玮. 人工智能与大数据技术导论［M］. 北京：清华大学出版社，2019.

［37］特拉斯克. 深度学习图解［M］. 王晓雷，严烈，译. 北京：清华大学出版社，2020.

［38］徐彬. 实战深度学习算法［M］. 北京：电子工业出版社，2019.

［39］谢诺夫斯基. 深度学习：智能时代的核心驱动力量［M］. 姜悦兵，译. 北京：电子工业出版社，2019.

［40］刘知远，周界. 图神经网络导论［M］. 李泺秋，译. 北京：人民邮电出版社，2021.

［41］米凯卢奇. 深度学习：基于案例理解深度神经网络［M］. 陶阳，邓红平，译. 北京：机械工业出版社，2019.

［42］杜鹏，谌明，苏统华. 深度学习与目标检测［M］. 北京：电子工业出版社，2020.

［43］林峰，朱基诚，周春艳. 基于 Python 和 MATLAB 混合编程的深度学习教学案例设计［C］// 第八届全国高等学校电气类专业教学改革研讨会论文集. 北京：教育部高等学校电气类专业教学指导委员会，2023.

［44］SANDLER M，HOWARD A，ZHU M，et al. MobileNet v2：inverted residuals and linear bottlenecks［C］//Proceedings of the IEEE Conference on Computer Vision and Pattern Recognition. New York：IEEE，2018：4510-4520.

［45］张志涌，杨祖樱. MATLAB 教程：R2018a［M］. 北京：北京航空航天大学出版社，2019.

［46］LIN F，HOU T，JIN Q，et al. Improved YOLO based detection algorithm for floating debris in waterway［J］. Entropy，2021，23（9）：1111.

［47］LIN F，GAN L，JIN Q，et al. Water quality measurement and modelling based on deep learning techniques：case study for the parameter of Secchi disk［J］. Sensors，2022，22（14）:5399.

［48］HAMUDA E，GLAVIN M，JONES E. A survey of image processing techniques for plant extraction and segmentation in the field［J］. Computers and electronics in agriculture，2016，125：184-199.

［49］马学条，周彦均，王永慧，等. 基于形态学重建的分水岭图像分割实验教学研究［J］. 实验技术与管理，2021，38（3）：93-7.

［50］张文飞，韩建海，郭冰菁，等. 改进的分水岭算法在粘连图像分割中的应用［J］. 计算机应用与软件，2021，38（6）：243-8.

［51］GAN L，LIN F，JIN Q，et al. An algorithm for measuring Secchi disk water transparency based on machine vision［J］. Measurement，2024，231：114581.